内外的美学

窗设计的32个创意法则

[日] 中山繁信　长冲充　杉本龙彦　片冈菜苗子　著

王晔　译

中国 · 武汉

图书在版编目(CIP)数据

内外的美学：窗设计的32个创意法则 / (日) 中山繁信等著；王晔译. —武汉：华中科技大学出版社, 2017.5
ISBN 978-7-5680-2765-6

Ⅰ. ①内… Ⅱ. ①中… ②王… Ⅲ. ①窗–建筑设计 Ⅳ. ①TU228

中国版本图书馆CIP数据核字(2017)第086695号

内外的美学：窗设计的32个创意法则
NEIWAI DE MEIXUE: CHUANG SHEJI DE 32 GE CHUANGYI FAZE

[日] 中山繁信　长冲充
杉本龙彦　片冈菜苗子　著
王晔　译

出版发行：华中科技大学出版社（中国·武汉）　电话：（027）81321913
武汉市东湖新技术开发区华工科技园　邮编：430223
出 版 人：阮海洪

责任编辑：刘锐桢　责任监印：秦　英
责任校对：尹　欣　美术设计：张　靖

印　刷：北京文昌阁彩色印刷有限责任公司
开　本：880 mm × 1230 mm　1/32
印　张：5
字　数：34千字
版　次：2017年6月第1版第1次印刷
定　价：49.80元

投稿热线：(010)64155588-8000
本书若有印装质量问题，请向出版社营销中心调换
全国免费服务热线：400-6679-118　竭诚为您服务

前 言

在包含住宅的所有建筑中，窗户不仅仅是决定建筑外观的要素之一，而且也是调节室内环境的重要装置。这一既具有形式性又有功能性的对立点，即使对专业人士而言，也不是一个容易解决的问题，所以说，建筑设计中最困难的莫过于“窗设计”。

窗户、出入口等窗门洞是属于为了满足采光、通风、观景等需要的功能部分。虽然住宅内乐于引入舒服的光、风，但必须排出不良空气；虽然希望可以眺望美丽景色，但相反也在意有外人窥视的情况；虽然大面积的开窗有利于温暖的阳光照入室内，但也导致冷、暖气的负荷问题随之产生。因此，窗户不单是解决一种使用状况即可的简单要素，设计时，还须同步考虑因其设置而产生的不良条件是否得以改善。

扩大视野来看，在国家、民族间的战争较多的历史时期或地域内，窗户的防御性因素优先考虑，设计时必须先提出防止入侵的良策，当时绝不会考虑富有形式感、满足舒适性的窗户形态。

为了将居住空间变得更为舒适、愉悦，使自然与居住环境和谐地融为一体，本书将窗户、出入口等窗门洞作为解说焦点，通过32种创意法则深入分析其作用及特征，诠释窗户对建筑空间的重要性。在这些创意法则中，因受建筑构造、法律法规等的制约，可能存在难以实现的情况，但倘若在读者丰富生活之际，本书的一些内容能成为参考贴士，笔者也将倍感荣幸。

中山 繁信

目　录

第一章

窗户的世界志

01 世界各地的窗户

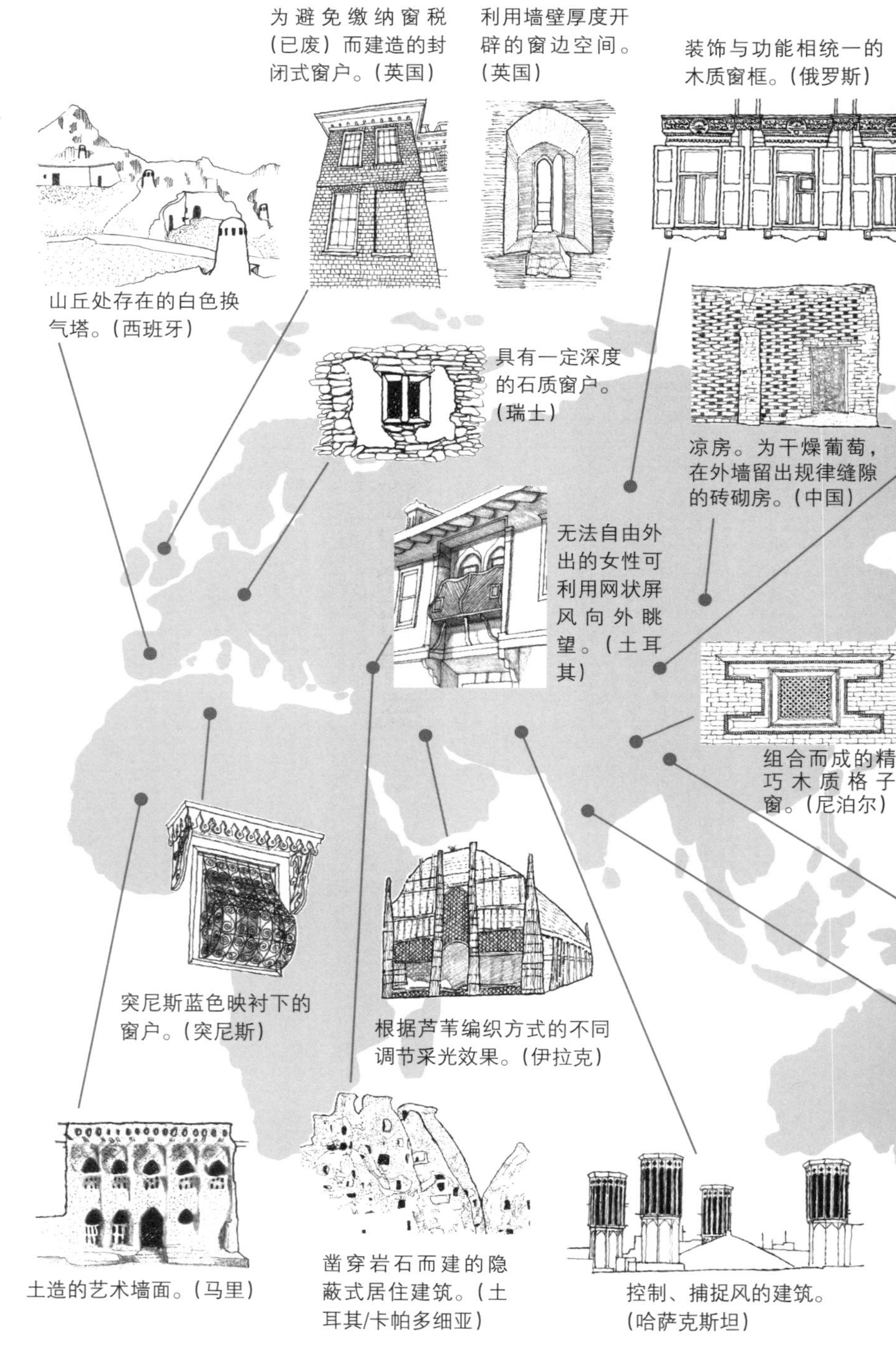

为避免缴纳窗税（已废）而建造的封闭式窗户。（英国）

利用墙壁厚度开辟的窗边空间。（英国）

装饰与功能相统一的木质窗框。（俄罗斯）

山丘处存在的白色换气塔。（西班牙）

具有一定深度的石质窗户。（瑞士）

凉房。为干燥葡萄，在外墙留出规律缝隙的砖砌房。（中国）

无法自由外出的女性可利用网状屏风向外眺望。（土耳其）

组合而成的精巧木质格子窗。（尼泊尔）

突尼斯蓝色映衬下的窗户。（突尼斯）

根据芦苇编织方式的不同调节采光效果。（伊拉克）

土造的艺术墙面。（马里）

凿穿岩石而建的隐蔽式居住建筑。（土耳其/卡帕多细亚）

控制、捕捉风的建筑。（哈萨克斯坦）

窑洞。从地表向地下深挖的大窗洞。(中国)

印第安村庄(pueblo)。土造建筑外墙开设的小型窗户。(美国)

圆锥形帐篷(Teepee或Tipi)。通过开闭布的方式进出。(美国)

外墙具有百叶窗的效果。(危地马拉)

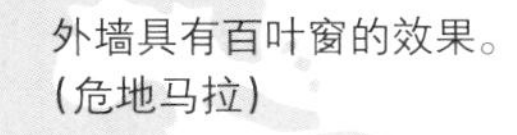

版筑外墙上存在一定数量的小洞。(不丹)

施以精致装饰的窗户。(印度)

气候带是影响窗户形式的因素之一。而如何使用各个气候带的材料也将影响窗户的形式。一般情况下，湿度较大的地区窗户较大，温度较低的地方窗户则较小。全球存在着各种各样的民族，窗户的形式也伴随各地文化、宗教背景的不同产生多样的变化。

02

日本的窗户

深远的廊下空间可以充当窗户的作用。
铭苅家（伊是名村，明治时期）

为了养蚕，设置了尺寸各一的换气窗。
田麦俣聚落（旧朝日村，江户时期至明治时期）

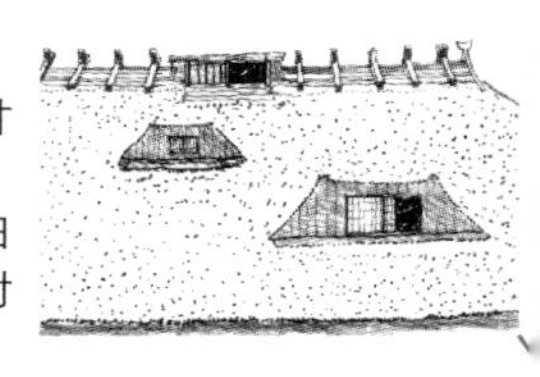

采用最小尺度的开窗，并在大门处设置隔离缓冲带阻挡寒气进入。
旧山田家（荣村，江户中晚期）

积雪时，原本设于屋顶的窗户将转化为建筑的出入口。
旧春木家（旧新九村，江户晚期）

满足养蚕与居住功能的窗户。
白川乡合掌造聚落（白川村，江户晚期）

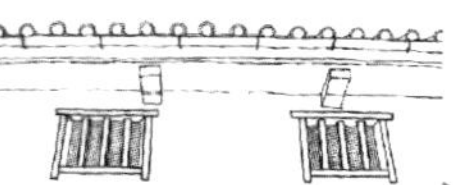

设有3~5根木质棂条的窗户。
仓敷的町家建筑（仓敷市，江户早期）

设有虫笼窗[6]的老店铺。
（长崎市，江户中期）

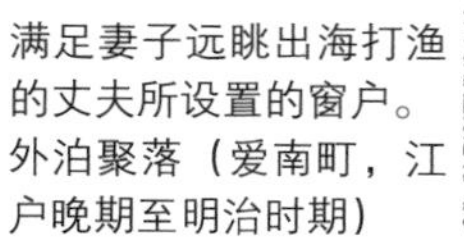

满足妻子远眺出海打渔的丈夫所设置的窗户。
外泊聚落（爱南町，江户晚期至明治时期）

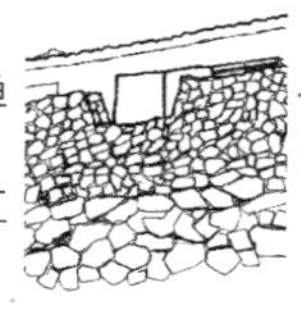

日本最古老的民居住宅开窗极少。
箱木家（神户市，室町时期）

被认为是蔀户[5]的原型的支窗。
（八幡市，建造年代不详）

横木条的与力窗[4]。
吉村家（羽曳野市，江户早期）

高侧窗与直角转折的廊下空间。
旧奈良家（秋田市，江户中期 1751—1763年）

东面为神窗[7]，南面为采光用的窗户。
阿依努民居（样似町、室町，江户时期）

屋顶处设置的狭长型换气窗。
旧我妻家（藏王町，江户中期）

仓储、防盗、防御类建筑中特有的阶梯状厚窗。
川越的商店（旧志义町，江户时期至明治中期）

单开推拉窗与格子窗组成具有特色的猪窗[8]。
（川崎市，江户早期）

设有下地窗[9]的建筑正立面。
旧广濑家（旧盐山市，江户中期）

采用多样化开窗方式的民居。
旧北村家（秦野市，江户早期）

按照用地性质分类，日本的传统民居可分为属于农村用地的农家建筑与属于城市用地的町家建筑。因日本风土气候的差异，民居建筑的样式繁多。为了适应酷暑与严寒，在民居的窗户上设置了可装卸的板户[1]、雨户[2]及障子[3]等，可以多层分开使用。

03 窗户的历史发展

西洋

西欧建筑以石材、砖砌结构为代表。早期，这些建筑虽然耐久坚固，但由于当时缺乏技术支撑，在窗洞的开设上受到了一定的制约。直至罗马时期发明了拱券式结构，建筑整体的构造技术才开始不断更新、强化，这时门窗洞的设计水平、造型的自由度也随之提高。哥特式建筑时期，随着尖顶状的拱券、十字拱、飞扶壁的构造技术的发明，进一步解放了门窗洞的构造技术，主要强调使用柱子支撑的垂直性及华丽的装饰性，教堂的玫瑰窗及通顶的彩色玻璃窗等将人们的心灵带向神圣的世界。进入文艺复兴时期，哥特式建筑的装饰风格逐渐消失，门窗洞也慢慢回归至原本的功能。

之后，经历了巴洛克、洛可可样式的变迁，工艺美术运动的几何图形及新艺术流派的植物形态等装饰普遍应用在窗户、门洞等处。

近代工业革命后，铁、玻璃及钢筋混凝土，在建筑中也被广泛运用。例如水晶宫、购物中心等建筑都采用了可自由成形的铁及可提供明亮建筑内部空间的玻璃材料。而且，从这个时期的建筑大师们的作品中可以看出，不仅是门窗洞的设计，建筑构造方面也都有了明显的飞跃。由柯布西耶提出的“现代建筑五原则”替代了从前被普遍认知的建筑设计的概念，其中就包含了砌体结构中无法实现的水平长窗。

目前，我们生存的现代环境中，由于高隔热、高封闭性的关系，空调成为工作和生活环境的必备设备。例如，城市高层建筑外立面安装了玻璃幕墙，因无法开启，为确保舒适的内部环境，必须消耗过多的能源，这是导致地球环境恶化的原因之一。

因此，考虑节能及保障室内与室外环境的联系，我们必须活用窗户，充分引入自然风、光等，营造舒适的生存空间。

日 本

日本古代建筑属于由柱和梁承重的木结构体系。柱、梁为基本建筑结构，墙壁和门窗设置在柱与柱之间。倘若柱子之间安装了“户”，此处便被称为“间户”，而“间户”也被认为是“窗户”一词的语源所在。

日本的气候高温多湿，因此尤其重视通风因素，民众对开放式的民居情有独钟，格子、直棂、遮帘的窗文化非常昌盛。其中属于贵族居住类建筑样式的寝殿造便是著名代表之一，白天在开敞的内部空间内设置榻榻米和屏风，在与外部空间的分界处悬挂遮帘，夜晚再将遮帘替换为蔀户。

进入中世纪后，贵族时代转变为武士时代。武士们作为统治者，除了重视对武术的修行外，也重视对文化修养的提升。居住空间为了彰显主从等级不同，增设了接待用的空间。在床之间[10]旁侧的隔架上放置卷轴、书籍，并布置便于书写的小桌子，这便是闻名遐迩的书院造。为了满足采光的需要，书房前的窗户使用了障子，打开障子便可以享受不同季节的风光景色。这个时期，武士阶层之间还流行着茶道。一般被废弃的曲木，或是施工状态中的土墙，或贫民住宅中的窗户等，这种意为运气不好的审美观被广泛运用在茶室设计中，由这种风格营造的建筑被称为“数寄屋”。因此，当前所谓的和风主要指书院造与数寄屋造，或是指这两者的折中式样。

和风建筑窗户的特征为窗扇类型多样，以材质分有纸障子、袄[11]、板户等多种类型，而在开闭方式上以水平推拉窗为主流。虽然推拉窗的封闭性、防盗性较差，但京都的町家建筑根据季节的不同，可替换成纸障子、遮帘障子等，甚至也可以根据功能需要，卸掉这些窗扇后改变空间的格局，这种适应审美功能而可以变化的空间也是和风建筑的主要特征。

古希腊（公元前3000年—）

古埃及（公元前3000年—公元前30年）

迈锡尼的狮子门

帕提农神庙

宏斯庙

天窗

宏斯庙内部

随进深方向往内移动，顶棚的高度将越来越低，采光也会越来越少，最内侧几乎昏暗无光。

公元前3000年　埃及建国

公元前776年　第一届奥林匹亚竞技会

公元前3000年　古代

竖穴式住居

屋内设有火炉，并在山花处开设孔洞，满足排烟的需要。

干阑式仓库

在山尖上方开设通风口，满足粮食存储时的通风需要。

史前时期

古罗马（—146年）

庞贝城Vettii府邸的天井
正面对称布置的门窗显示了大厅的高上地位。

万神庙
穹顶上开设了直径9m的圆形天窗，从天窗处射入柔和的漫射光。

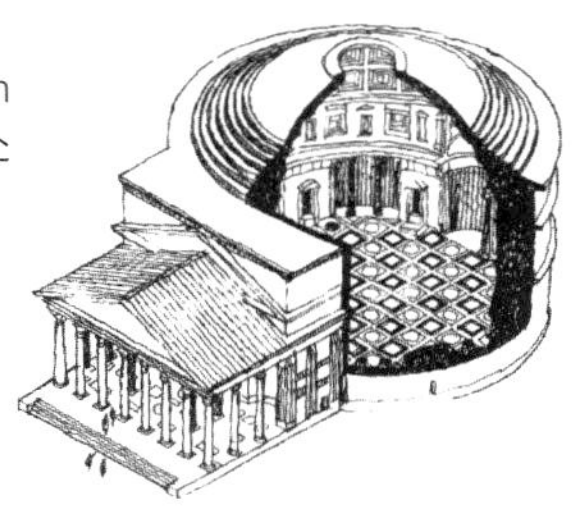

窗户特征

伊特鲁里亚建筑
拱券的原型

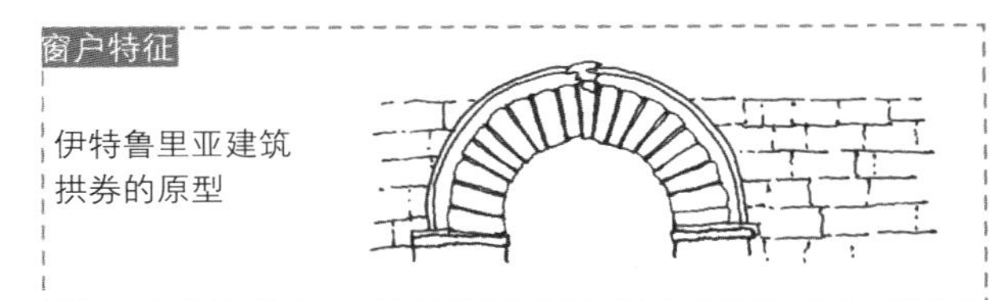

79年 庞贝的湮没

313年 基督教的公认

375年 日耳曼民族大迁移

公元元年

500年 中世纪

538年 佛教传入日本

平出遗迹
屋顶由柱子支撑，在墙壁上开设作为窗户的洞口。

出云大社（大社造）

民居明器
设置了入口及窗

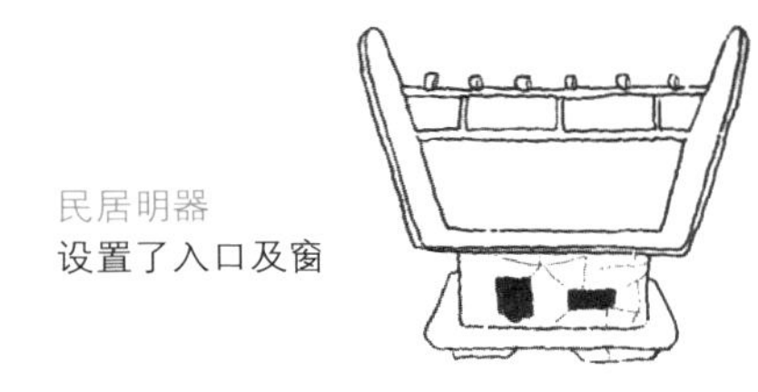

古坟时期（266—592年）

飞鸟时期（259—710年）

拜占庭（6世纪—）

伊斯兰教（6世纪—）

早期的基督教

圣索菲亚大教堂
中央设大穹顶，顶部设采光用的窗户。

阿尔罕布拉宫
设置了几何形、抽象的纹样及拱券。

圣迪米特里奥斯教堂

610年　伊斯兰教成立

645年　大化改新

法隆寺传法堂
板唐户[12]首次出现在日本贵族住宅中。

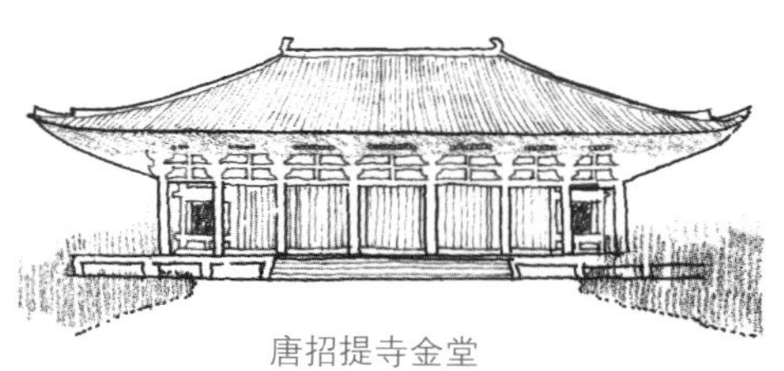

唐招提寺金堂

窗户特征

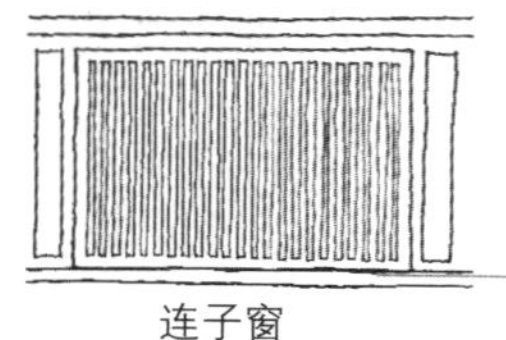

连子窗

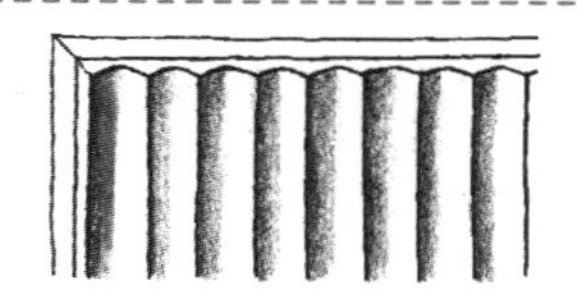

盲连子窗：指窗棂的楞朝外，排列时其间不设间距的直棂窗类型。

奈良时期（710—794年）

托罗奈修道院

托罗奈修道院内部

窗户特征

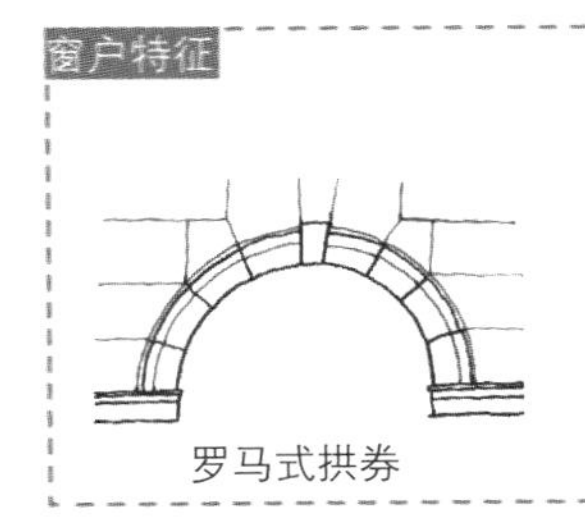
罗马式拱券

托罗奈修道院回廊

柱头部开设窗洞有助于光线在建筑上部的扩散。

石材的厚度使光线产生丰富的变化。

962年　罗马帝国的建立

1096年　十字军东征

平等院凤凰堂

此处开窗是为了清楚看到如来佛祖的面相。

窗户特征

蔀户
沿水平轴转动的窗户。因为基本都是格子形状的，所以又被称为“格子窗户”。

妻户
利用垂直轴旋转对开的窗户类型。出于方便考虑，在山墙侧另开窗户。日本传统建筑中“妻侧”意指“山墙侧”。

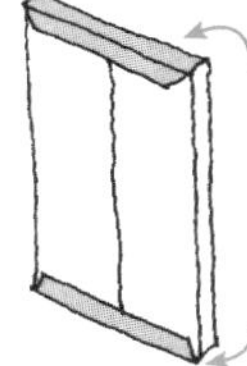

端喰
为防止木板卷曲，在板上下两端利用榫卯结构固定拼接的部件。

平安时期（794—1185年）

哥特式（12—16世纪）

韩斯主教堂玫瑰窗，嵌入了彩色玻璃。

杜尔当城

利用石材的厚度设置了窗边座椅。

窗户特征

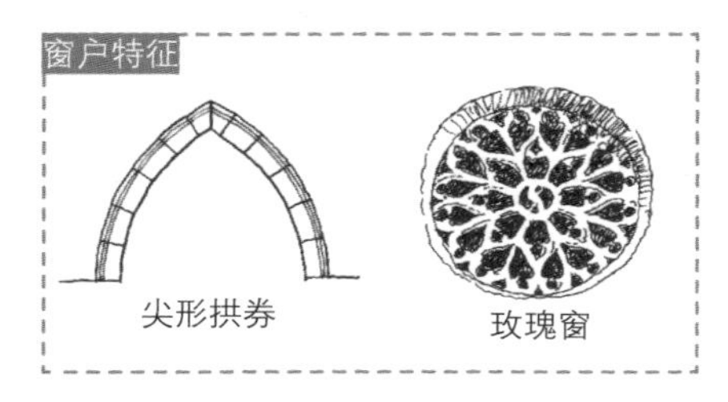

1492年　哥伦布发现新大陆

1192年　镰仓幕府的成立

1336年　室町幕府的成立

双折式栈唐户[13]　半蔀[14]　遣户[15]

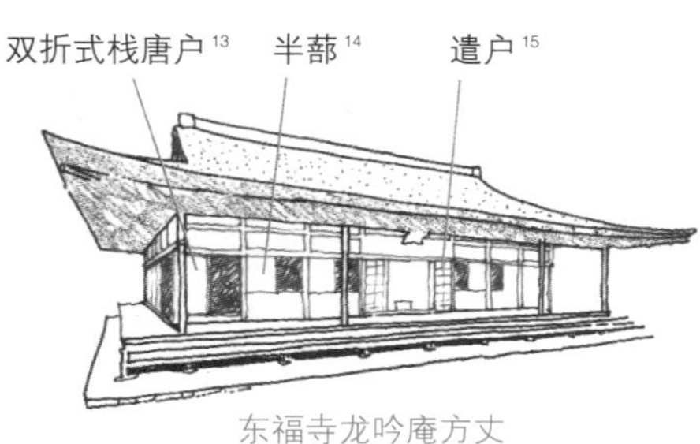

东福寺龙吟庵方丈

正福寺地藏堂

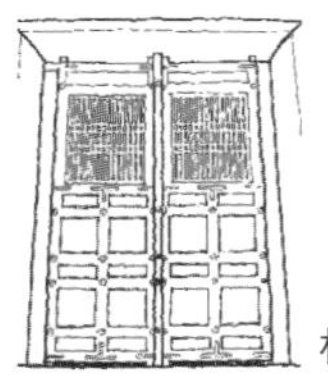

栈唐户

花头窗

因窗户呈火焰状，也被称为“火灯窗”

镰仓时期（1185—1333年）

佛罗伦萨主教堂

育婴院

使用铁条建造了开放型的拱廊。

窗户特征

入口与展示窗合为一体。

拉斐尔宅邸（店铺兼住宅）

窗周围设置了小型立柱、三角墙（山形墙）等元素。

法尔内塞宫

1540年　耶稣会的成立

1500年　近代

1543年　火枪的传入

1549年　沙维尔访日

基督教的传入

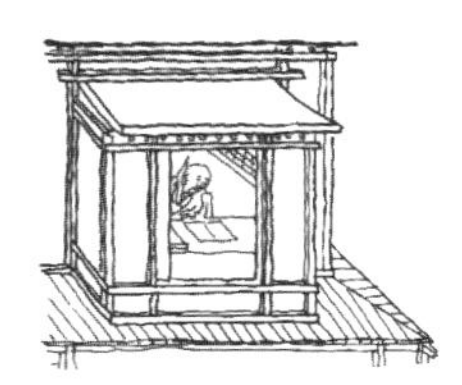

法然上人绘传

贵族、僧侣等住宅墙壁外侧建造的书桌。

安装了透光效果良好的障子。

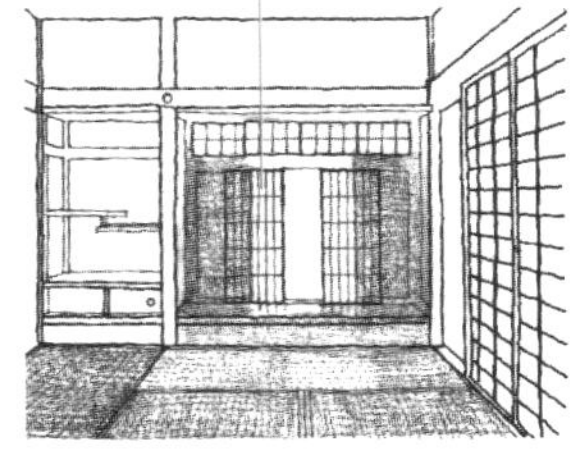

银阁寺同仁斋

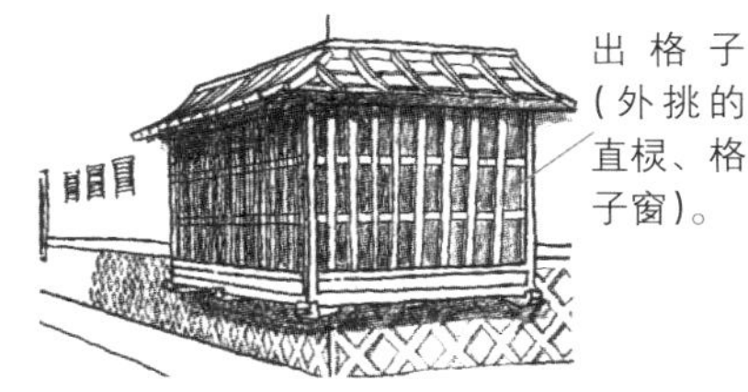

出格子（外挑的直棂、格子窗）。

武家住宅

窗户特征

下地窗

将土墙局部保留编条外露的状态，并将该部分设置为窗户。这是当时的普通民居中常见的窗户类型。

古井家住宅

室町时期（1336—1573年）

桃山时期（1573—1603年）

巴洛克（17世纪初期—18世纪初期）

圣维桑和圣阿纳斯塔斯教堂

圣彼得大教堂

窗户特征

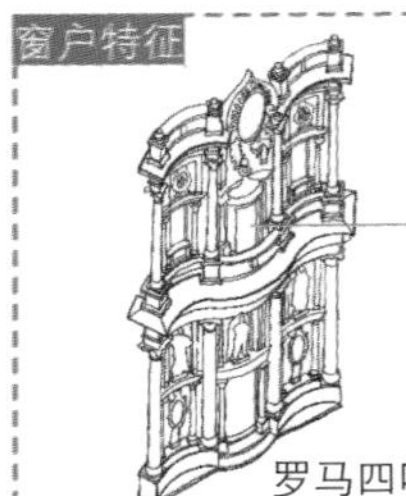

波浪形曲面墙壁处安装的窗户，窗户装饰形态复杂。

罗马四喷泉圣卡罗教堂

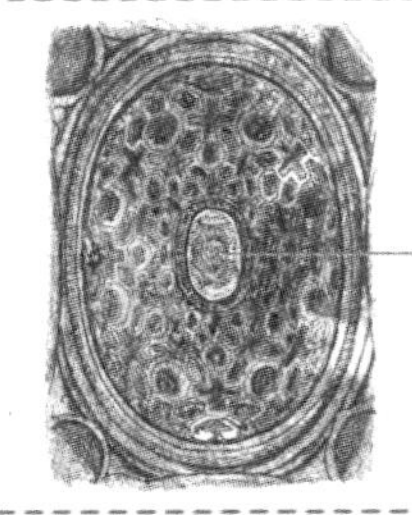

利用穹顶中央的天窗采光。

罗马四喷泉圣卡罗教堂（仰视顶棚）

1748年 庞贝遗迹被发现

1603年 江户幕府成立

1639年 锁国令

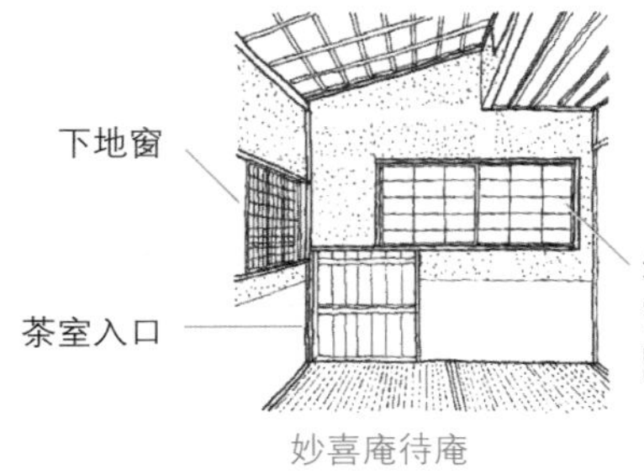

妙喜庵待庵

高台寺遗芳庵

在墙壁处开设了大圆窗（日文为“吉野窗”）。

茶室中多样化的窗户类型

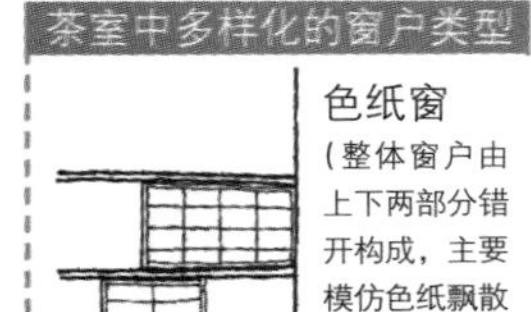

色纸窗（整体窗户由上下两部分错开构成，主要模仿色纸飘散错落的状态）

床窗（设置在床之间的窗户）

外翻天窗

虹窗（映射四季光影色彩变化的窗户）

新古典主义（18世纪中后期—19世纪初期）

柏林音乐厅

巴黎歌剧院

窗户特征

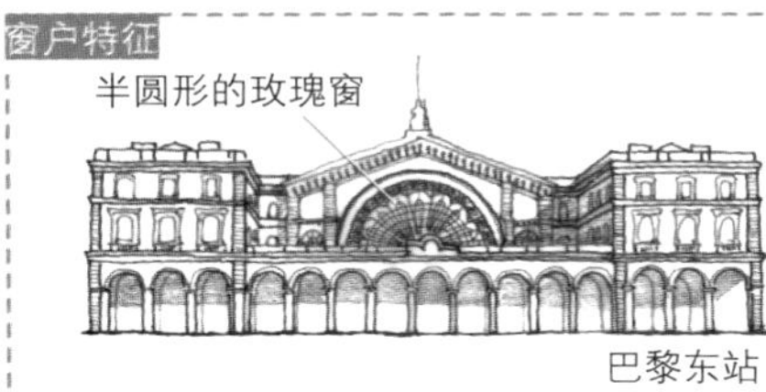

巴黎东站

巴黎国立图书馆（仰视顶棚）

早期的钢筋混凝土建筑。由设置了天窗的圆顶和纤细的钢筋柱构成。

1775年 美国独立战争

1789年 法国革命

1800年 近代

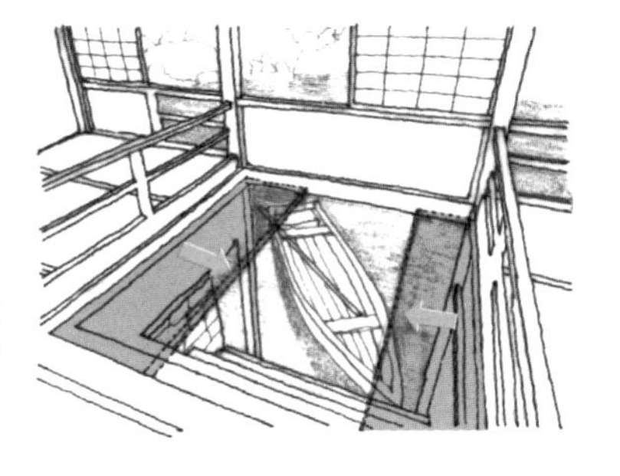

本愿寺飞云阁船入间

在地板上开设向两侧水平推拉的窗扇，便于船停靠后上下人。

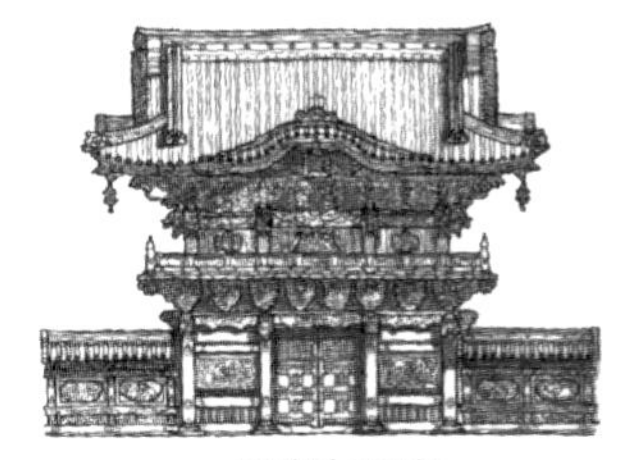

日光东照宫

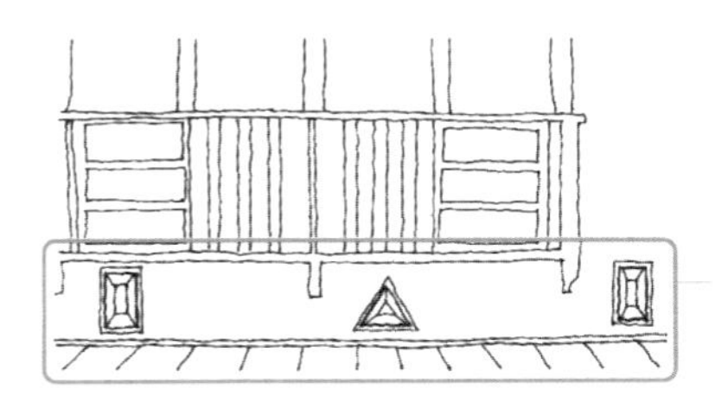

彦根城

弓狭间是适合弓使用而设的长方形或是适合枪支使用的三角形、正方形的射击窗口。

江户时期（1603—1868年）

艺术与工艺运动

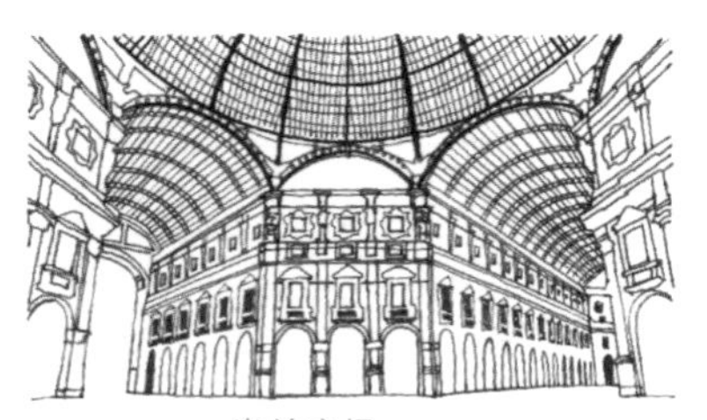

米兰广场

"红屋"

新艺术运动

窗户特征

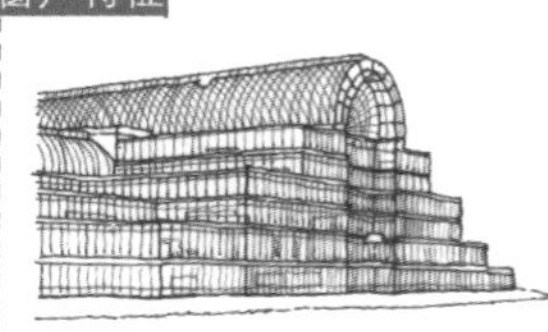

伦敦水晶宫
大量使用钢筋和玻璃，建造了即便在现代也无法媲美的开放型明亮空间。

1851年　伦敦世界博览会

1871年　德意志帝国建国

1853年　马休·佩里开启日本国门

1868年　明治维新

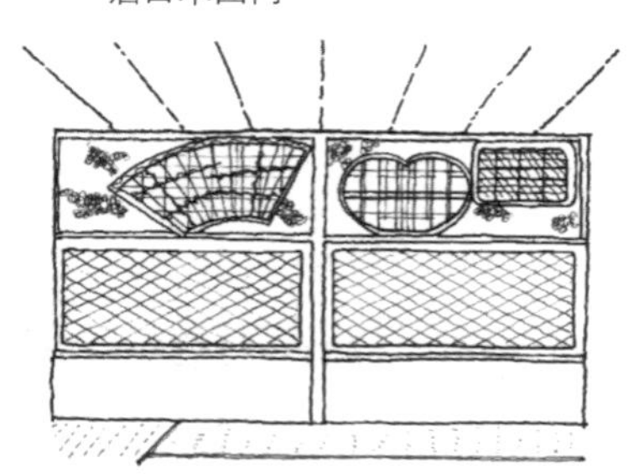

角屋、青贝间，设置了形状各异的和纸障子。

开智小学

奈良县物产陈列所
真壁造[16]的墙体内嵌入了西洋风格的窗户。

民居的窗户

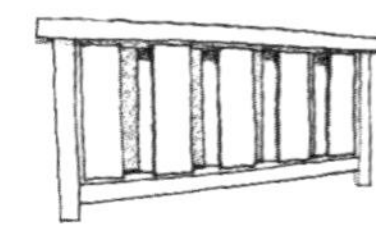

无双窗[17]

虫笼窗

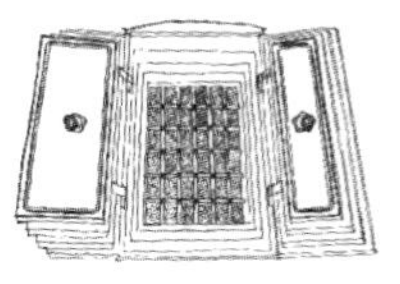

防火窗

明治时期（1868—1912年）

现代（20世纪—）

斯坦纳住宅/阿道夫·路斯

萨伏伊别墅/柯布西耶

包豪斯

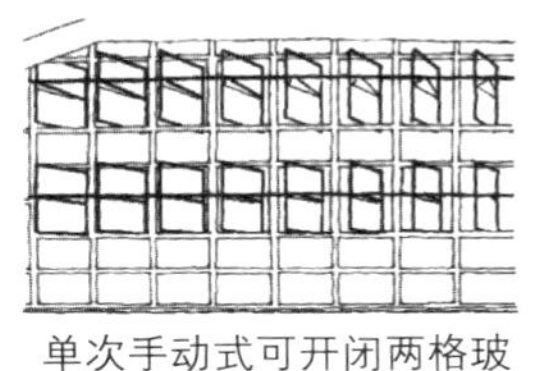
单次手动式可开闭两格玻璃组成的窗扇。

包豪斯德绍校舍/沃尔特·格罗皮乌斯

墙体设计脱离传统构造的限制，提升了窗洞的自由度。

1904年 日俄战争

1914年　第一次世界大战

1923年　关东大地震

1939年　第二次世界大战

1946年　日本《宪法》的颁布

泉布观　设置了阳台。

旧中埜家住宅

更简洁的新艺术风格窗户。

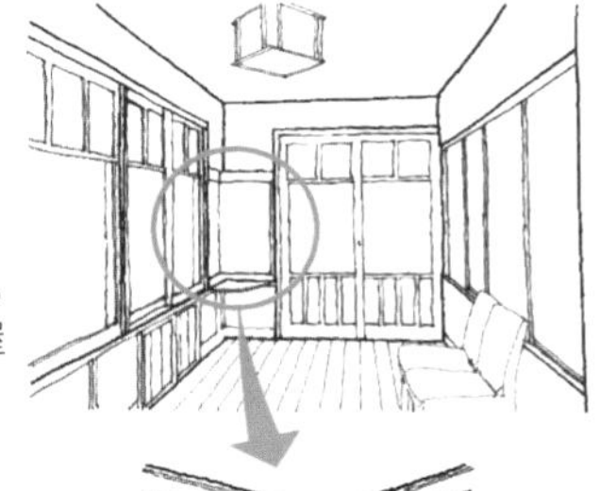
听竹居/藤井厚二

廊道使用玻璃窗围合，确保从室内无法看到屋檐，以便充分欣赏风景。

去除角柱，设置转角的玻璃窗户。

大正时期（1912—1926年）

昭和时期（1926—1989年）

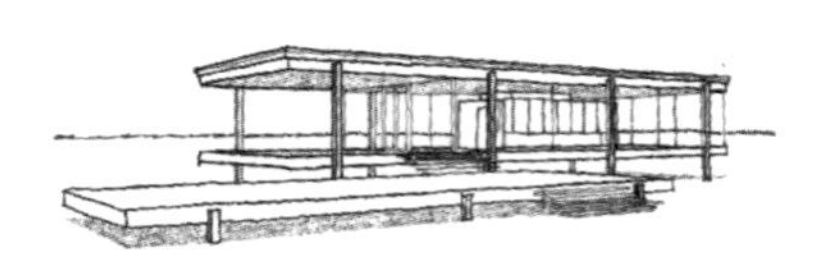

范斯沃斯住宅/密斯·凡·德·罗

流水别墅/弗兰克·劳埃德·赖特

窗户特征

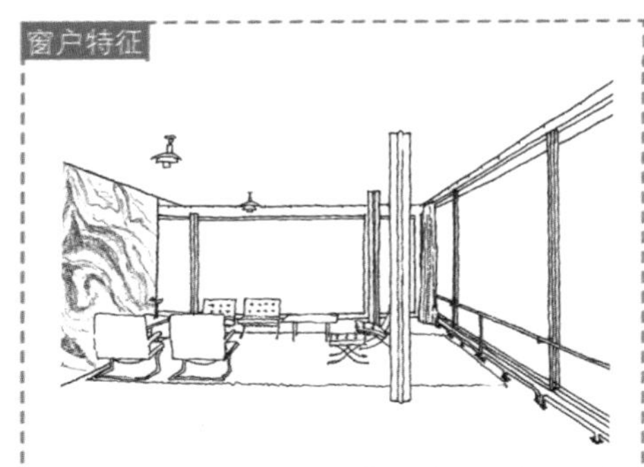

外墙不受构造限制，从地板到顶棚使用通高的玻璃。

窗户特征

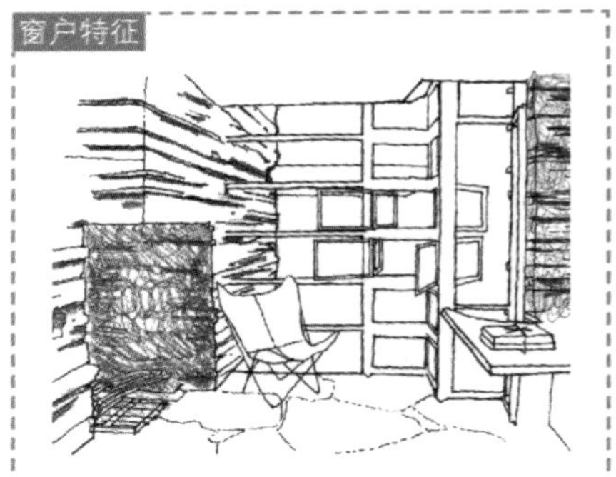

纤细的金属窗框构成的窗户从转角处可以逐一开启，加深了外部自然与建筑内部的联系。

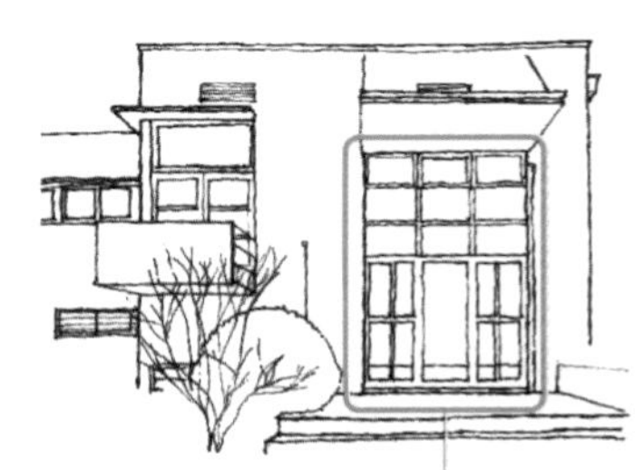

土浦龟城府邸　一层半高的巨大窗洞

紫烟庄/掘口捨巳

西洋风格与数寄屋风格混合的住宅。

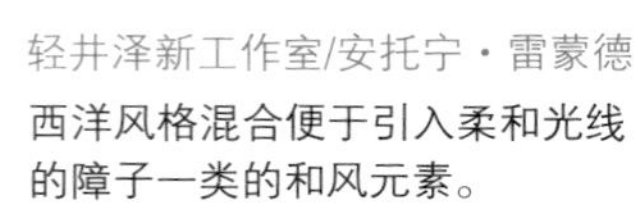

轻井泽新工作室/安托宁·雷蒙德

西洋风格混合便于引入柔和光线的障子一类的和风元素。

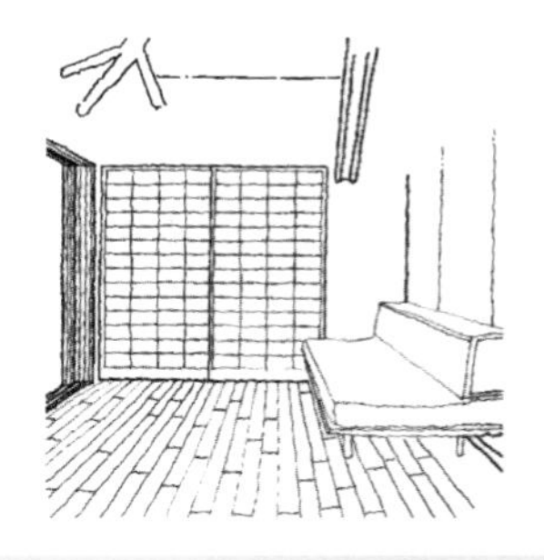

海滨公寓 / 查尔斯・摩尔

突向海面的起居空间一角设置了L形的玻璃窗。

阿拉伯世界研究所/让・努维尔

用犹如相机光圈的运动方式来调节室内的光线。利用这种基本形组成了一整块建筑的立面。

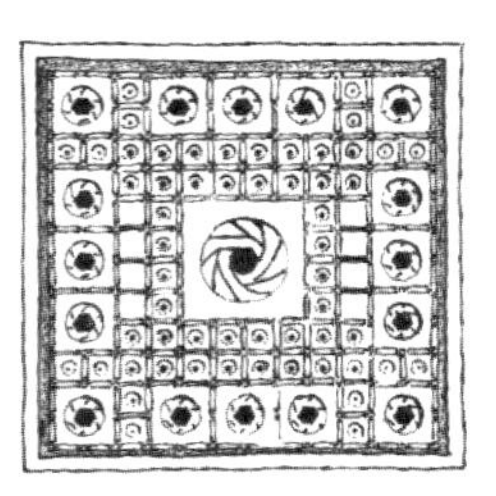

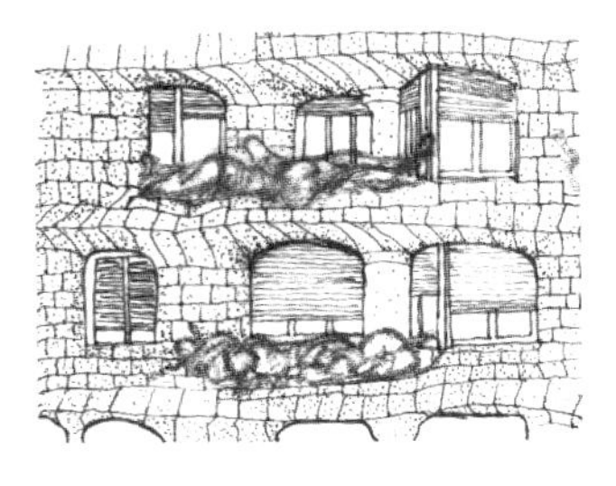

米拉公寓/安东尼・高迪

用石材累积而成的曲面建筑外墙上开设了窗户。

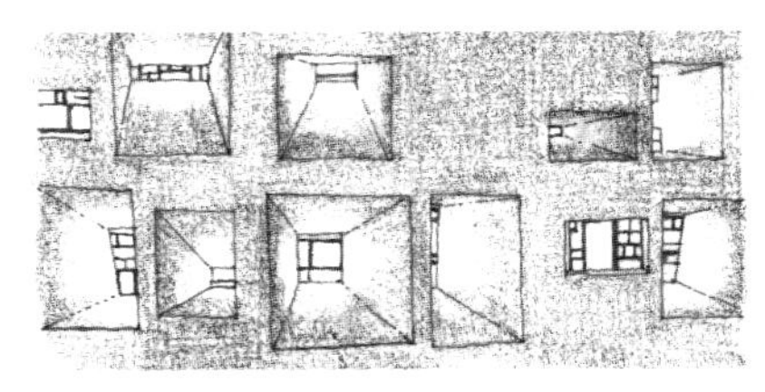

朗香教堂/柯布西耶

在墙体上开设形状大小各异的窗户，并置入色彩不同的玻璃，通过光照变化，营造出让人充满幻想的神圣的宗教空间。

CouCou别墅/吉阪隆正

开窗很狭小，集中采光

天空之宅/菊竹青训

我的家/清家清

从地板至顶棚安装了通高的推拉门，开启后，空间向室外自然延伸。

窗户特征

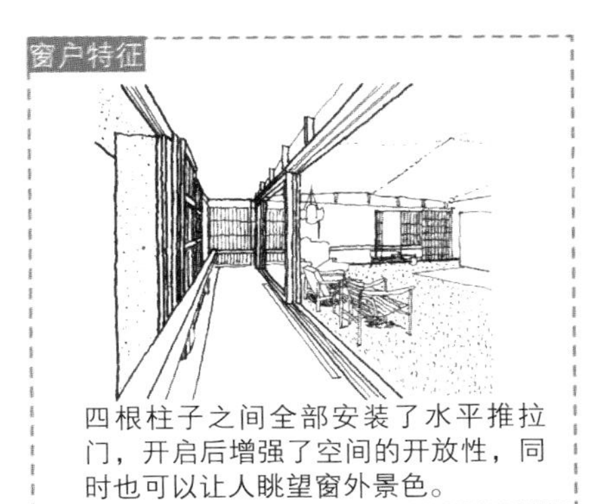

四根柱子之间全部安装了水平推拉门，开启后增强了空间的开放性，同时也可以让人眺望窗外景色。

04

建筑巨匠的设计改变了窗的定义
纵长方形的窗户向横长方形的窗户发展

西欧历史上存在过许多构造类型的建筑，其中具有代表性的类型应属于石造建筑。尤其是在复杂的中世纪一些国土面积较小的国家，坚固性、防御性都较高的石造建筑是不二之选。此外，教堂、教会等宗教建筑为了寻求壮观、宏大的尊严感，也选择了石材作为主要的建筑材料。石造建筑的优点可谓数不胜数，但最大的问题是无法开凿尺度较大的门窗洞。就像哥特式建筑一样，在构造上只能采取纵长方形的开窗方式。直至20世纪，建筑巨匠柯布西耶向仅关注于纵长方形窗户的人们展示新型的开窗方式及形态——横长方形窗户。

柯布西耶的著名代表作为萨伏伊别墅，但在此之前，他已经设计建造了实验性的建筑作品，名为“小屋”。这栋小屋又称为“母亲的家”，是柯布西耶为母亲在瑞士的莱蒙湖畔建造的住宅。为了欣赏和眺望美丽的湖景，柯布西耶设计了符合其功能的横长方形窗户，实现这种设计方案的构造是钢筋混凝土。通长11m的窗洞看似不存在任何构造柱，但实际上其间安装了充当柱子功能的3根细钢筋。钢筋与窗框相互组合，因此不必担心会妨碍观赏莱蒙湖的美景。由此可见，建筑巨匠在设计窗户时进行了精确的计算与细致的考虑。

从莱蒙湖一侧看到的小屋立面图

横长方形的11m长的窗户。右侧矮墙上开窗为框景作用。

第二章

活用窗户的构思及其设计

01

建筑外立面设计成富有现代感的『橱窗』效果

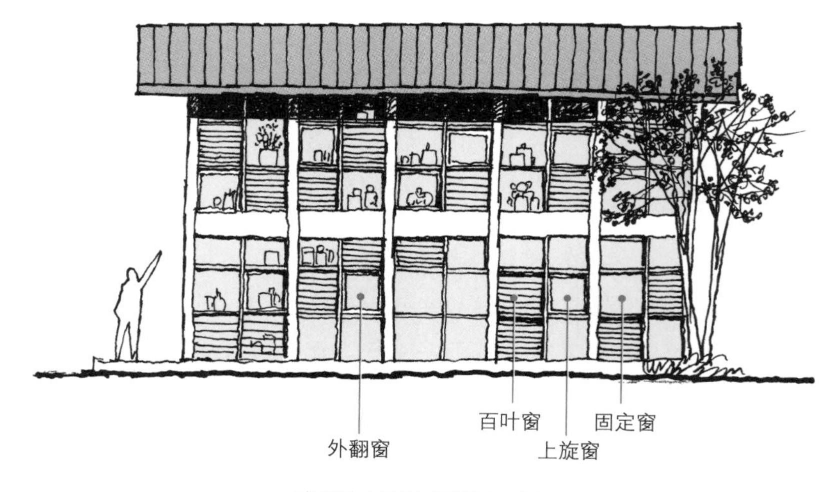

建筑外立面的“橱窗”效果

门窗洞除了满足采光、通风的需要外，也具有表现建筑外立面的作用。此处介绍的是住宅整体外墙犹如橱窗般的设计案例。窗户安装在大约90cm间距的柱子间，在其内侧设置了45cm深的橱柜。

橱窗有着窗户原本的用途，也兼有装饰物品、收纳、充当迷你温室等功能。其外侧窗户的开闭方式根据外墙设计和具体内部空间使用的需要而定，可以选择安装百叶窗、上旋窗、外翻窗、固定窗等。

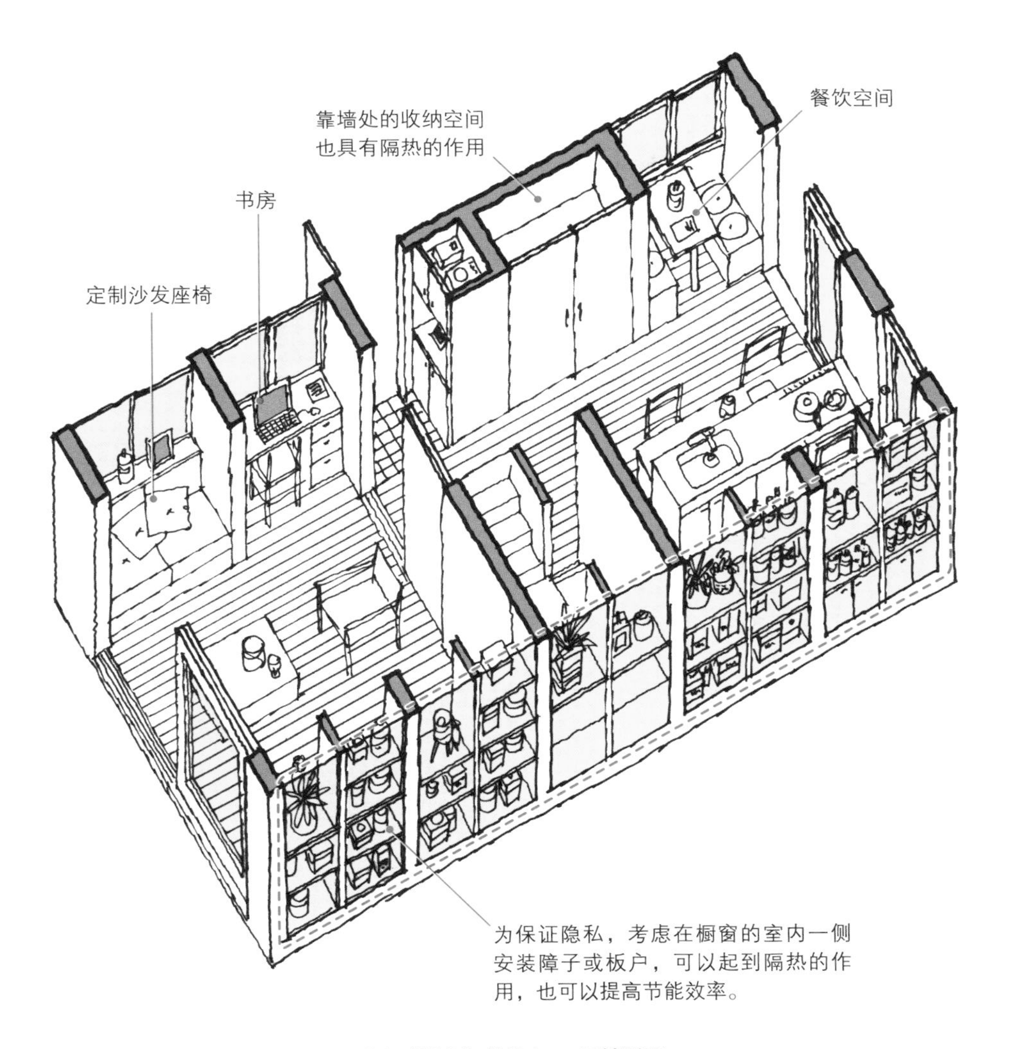

设有“橱窗”的住宅 一层轴测图

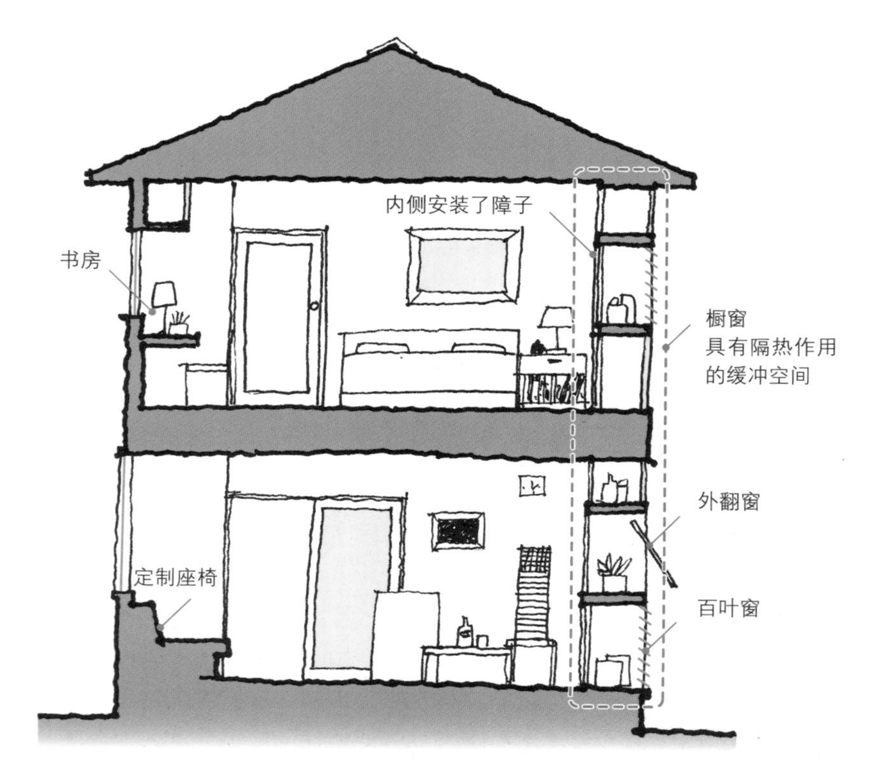

让室内更舒适的橱窗设计

室内一侧安装障子、板户、玻璃窗、百叶等窗扇，不仅从外部可以观赏到时尚多变的设计，也可以让人在内部享受丰富多彩的室内空间。当然，设置橱柜后，强光的照射可能会损坏一些装饰物件，可根据四季的变化，适当更换一些的盆栽或是观叶植物，由此便可以欣赏到不同季节的花草。

另外，在橱柜上安置若干照明，再配合室内空间温和的间接光源，在夜晚时分，也能够为居住社区提供美观又温馨的室外环境。

如上所述，橱窗根据居住者的喜好兴趣，可以演绎出不同效果的住宅外观，产生不同功能的使用方式，也可以活用为暂时阻隔外界的缓冲空间。

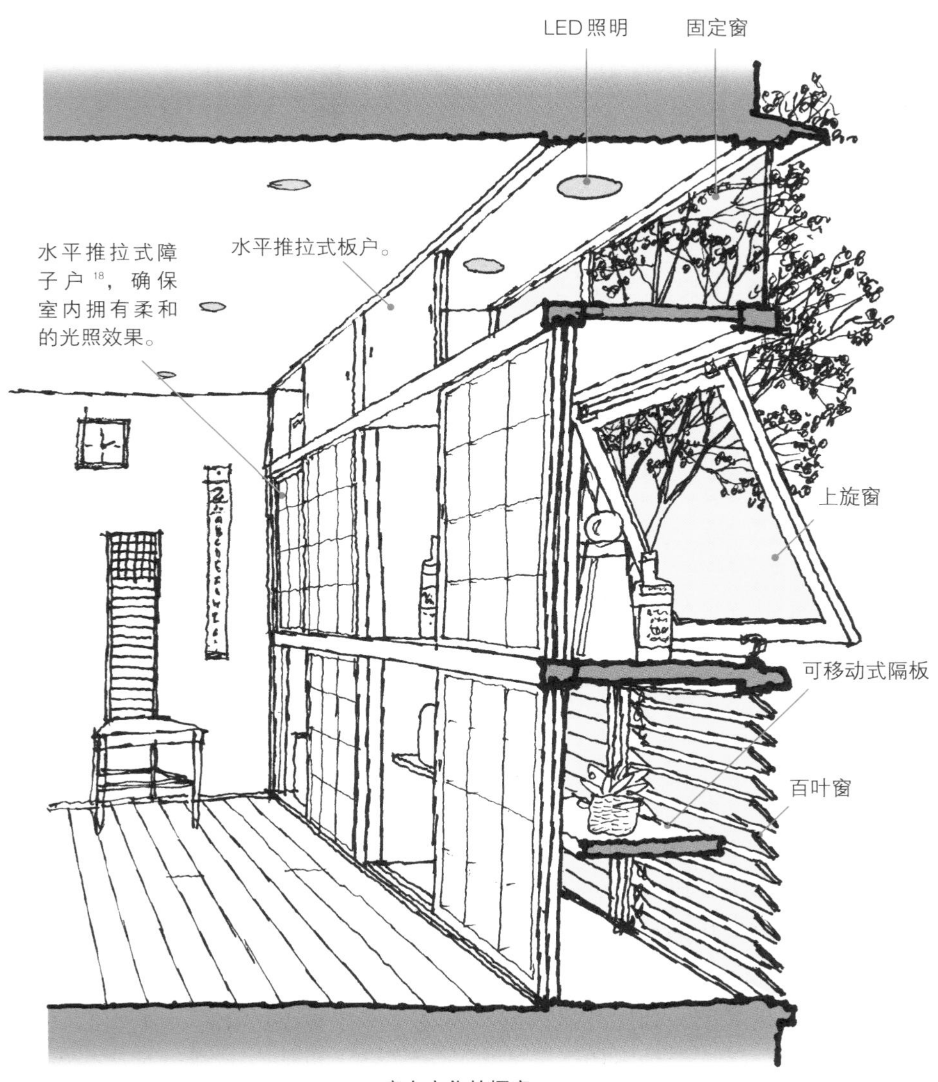
LED照明
固定窗
水平推拉式障子户[18]，确保室内拥有柔和的光照效果。
水平推拉式板户。
上旋窗
可移动式隔板
百叶窗
富有变化的橱窗

02 窗边的小农田

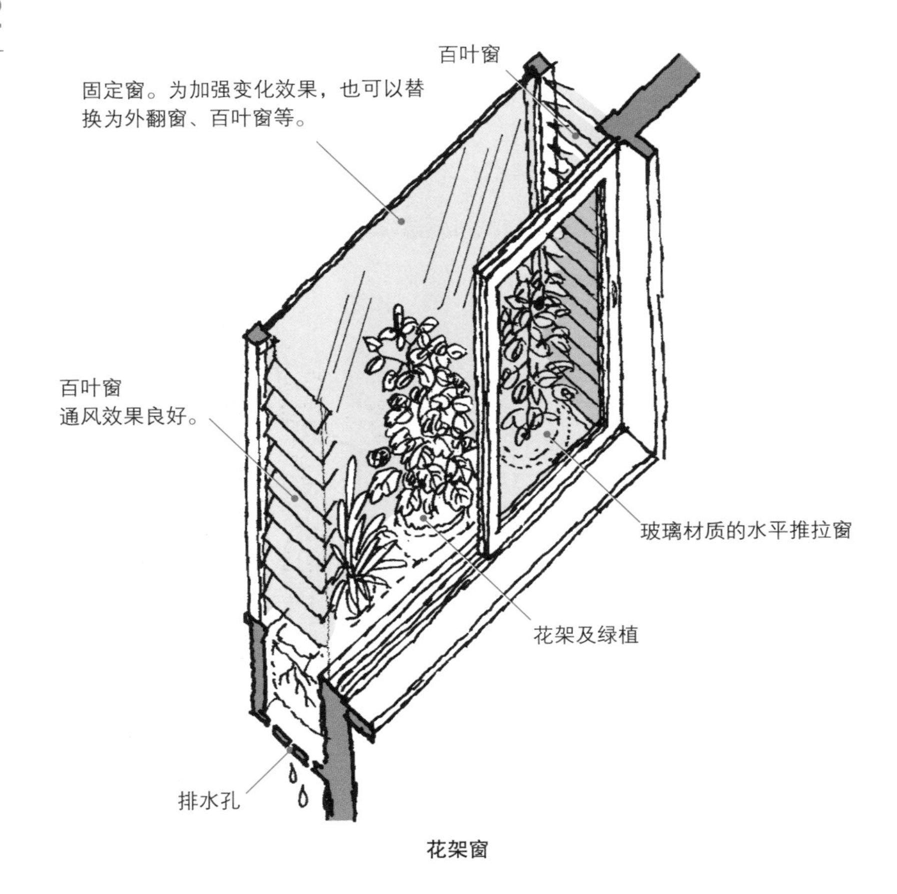

花架窗

在厨房的窗边若能种植一些香料或蔬菜，料理的时候一定会特别方便。在探访尼泊尔民居时，当地的家庭主妇直接采摘了厨房窗边花架上的蔬菜，烹调出美味的料理。因此，培育罗勒、洋芫荽、香菜等蔬菜，将窗边作为农田空间足够使用了。

不仅仅是蔬菜，利用外挑的温室养育一些小株型的花草，主妇们时时刻刻都能够享受美丽的窗边，而夜晚，过往行人也能够看到由花草装扮的窗边空间及别致的建筑外观。比起用卷帘门锁闭的封闭式住宅，感觉这样的家庭更温馨自在。可以说，双目是心灵的眼睛，窗户也是居住者的眼睛。

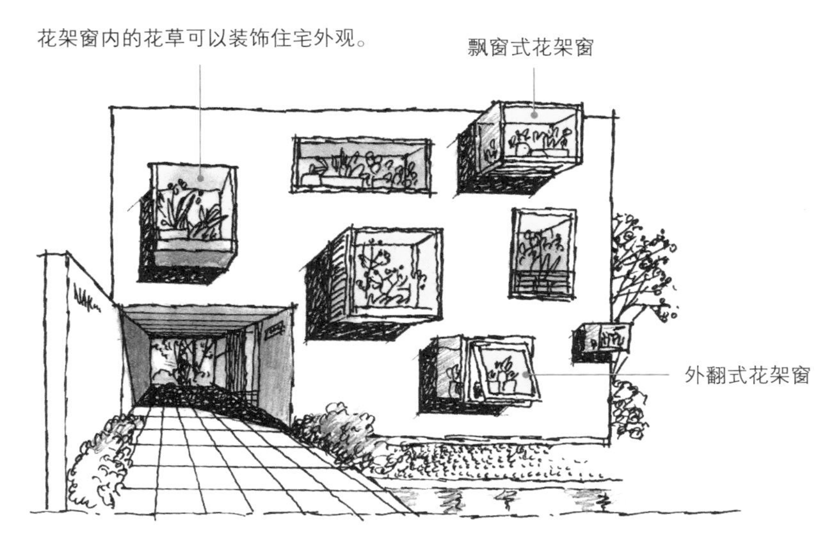

美化建筑外立面的花架窗

夜晚照明可以突显花架窗设计

03

男性憧憬的迷你书房

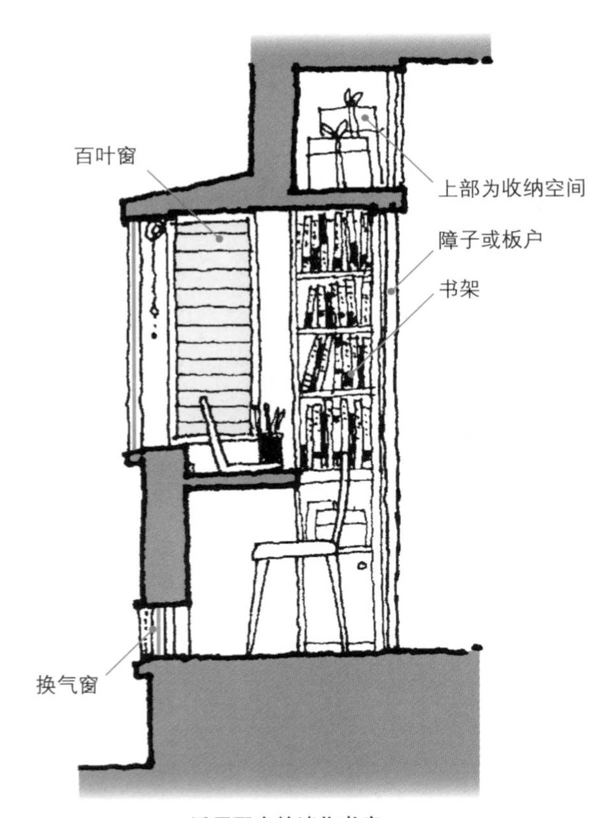

活用飘窗的迷你书房

设计住宅的时候，势必会发生超出预算或使用面积缩小的可能，因为每个家庭都拥有最美好的居住梦想。此时，首先被舍弃的对象便是男性的书房，而主妇空间和儿童房不会被列为舍弃对象。

为了在这种情况下保留书房空间，在此提出利用飘窗空间设计书房的案例。

从墙面到房间内侧45cm的空间内，使用障子简单地分隔出大约一叠（1820mm×910mm）的书斋空间。在这个迷你空间内可以放置一台电脑、打印机及收纳书籍的橱柜。

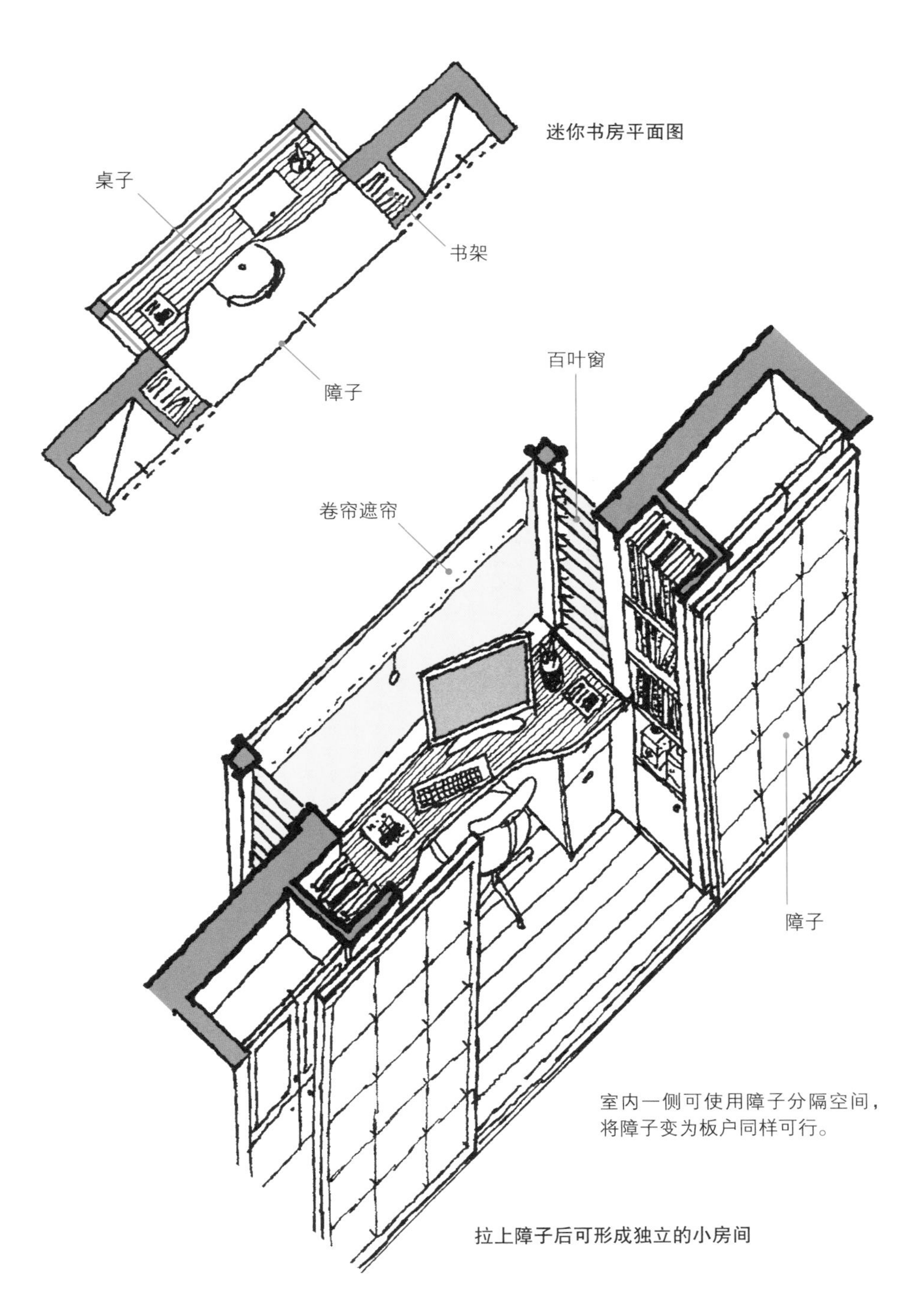
迷你书房平面图
桌子
书架
障子
百叶窗
卷帘遮帘
障子
室内一侧可使用障子分隔空间，
将障子变为板户同样可行。
拉上障子后可形成独立的小房间

04

活用飘窗，使其变为主妇空间

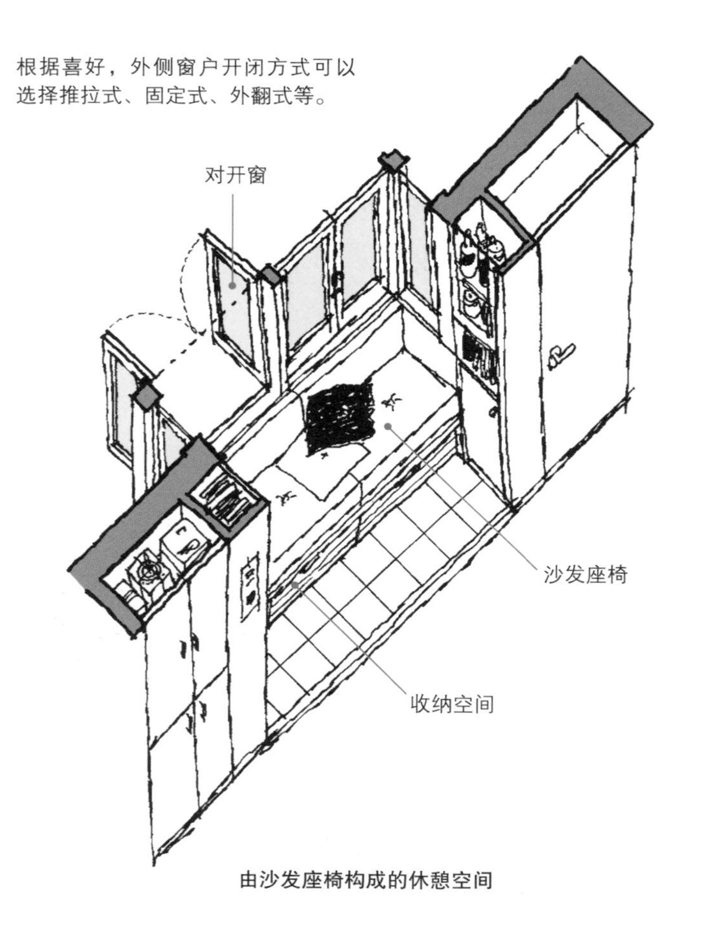

由沙发座椅构成的休憩空间

本案例是为主妇设计的空间，与前页书房空间异曲同工。家庭主妇并非时时刻刻都在劳动，时常也会有想要读书的时候，又或是想要和邻居、朋友闲聊的时候。为了丰富多彩的人生和自己的兴趣，愿意花心思或投入相对的时间是非常自然的一件事情。

沿着窗户设置的桌子犹如列车的座席给人以一定的安全感。倘若替换为定制沙发座椅的话，做家务的过程中，也可以横躺作为简单的休憩空间使用。

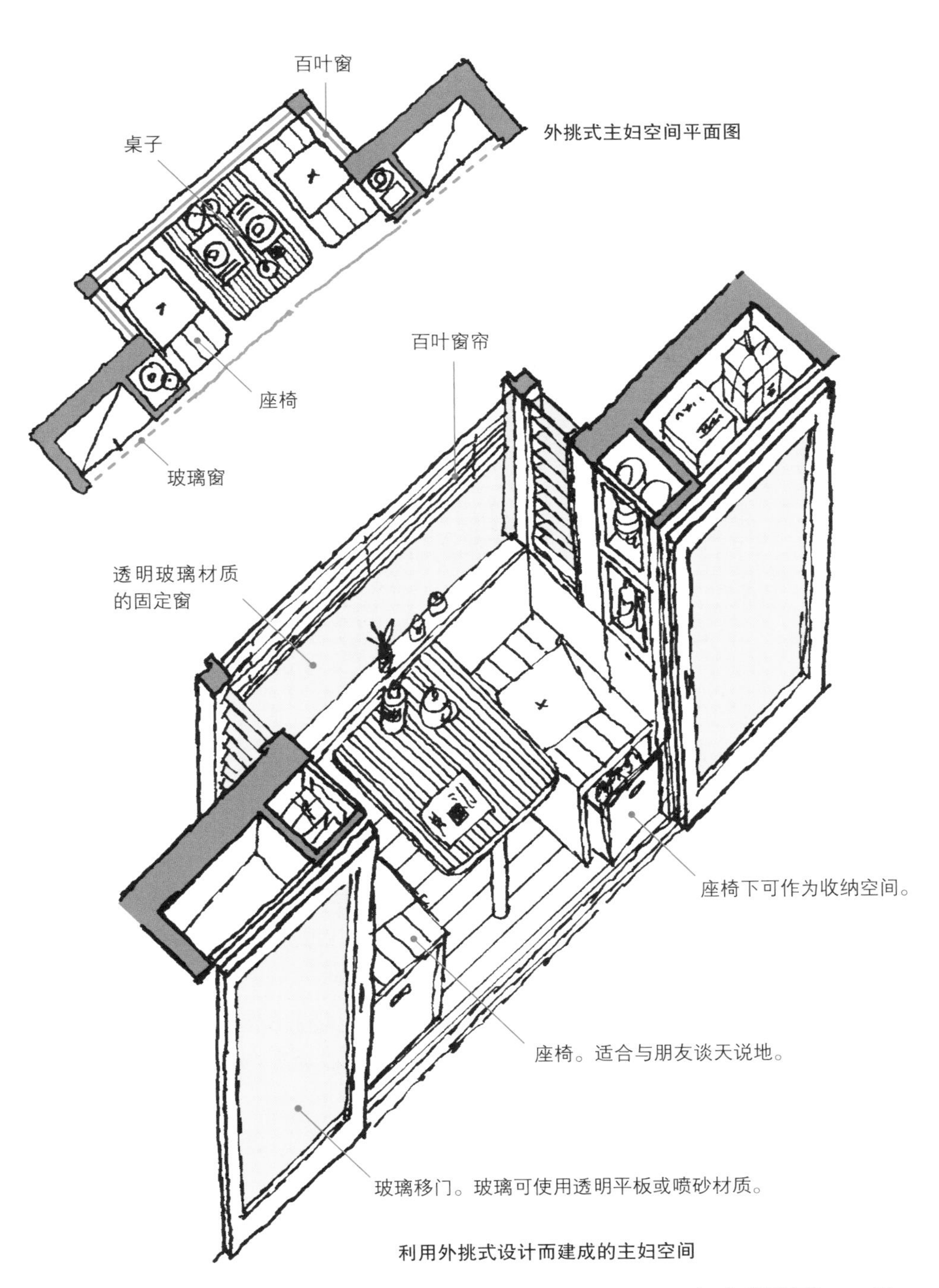

利用外挑式设计而建成的主妇空间

05

远眺效果超群的『包厢座』

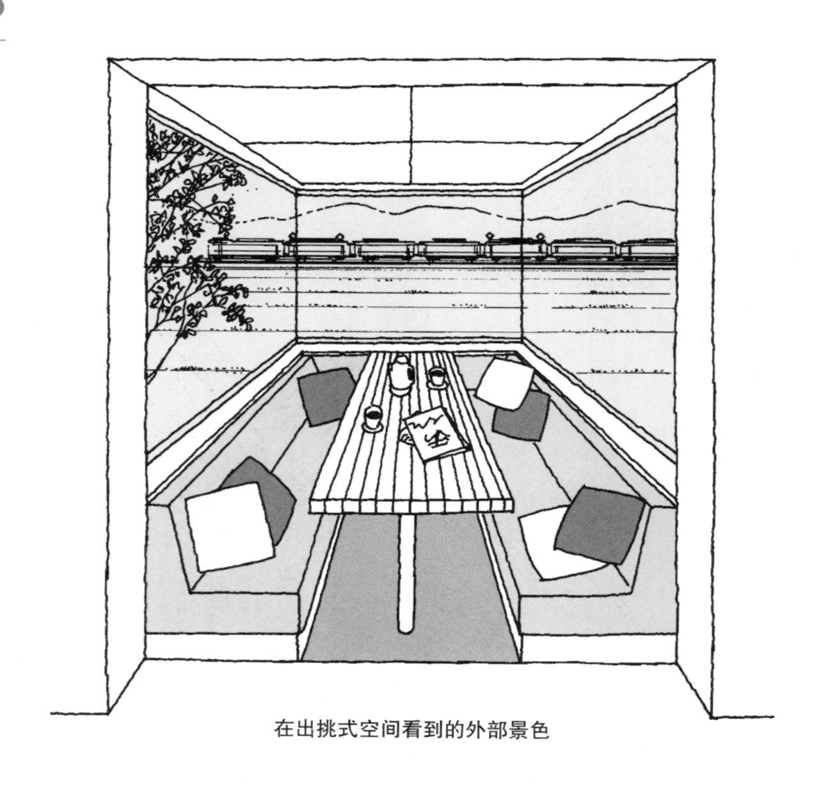

在出挑式空间看到的外部景色

一般而言，围合空间将带来稳定、安全的心理感受。在出挑式的四方玻璃空间内设置犹如列车的包厢座，可以营造出家具与房间一体化的空间性格。出挑式空间三面全部采用玻璃材质，呈现与室内相互区隔的独立式的空间效果。在这个空间中远眺自然美景的效果非常好，也可以将这种空间性格用于公共景观或庭院设计中。

如果将地板也设置为玻璃材质，与外部空间的整体感也会增加。保留墙壁的下半部分，按照其高度定制适当的沙发座椅和大型桌，可以营造出别致、舒心的餐饮空间。

也可以设计成类似指挥控制台一样，仅供一人专用的奢侈书房空间。

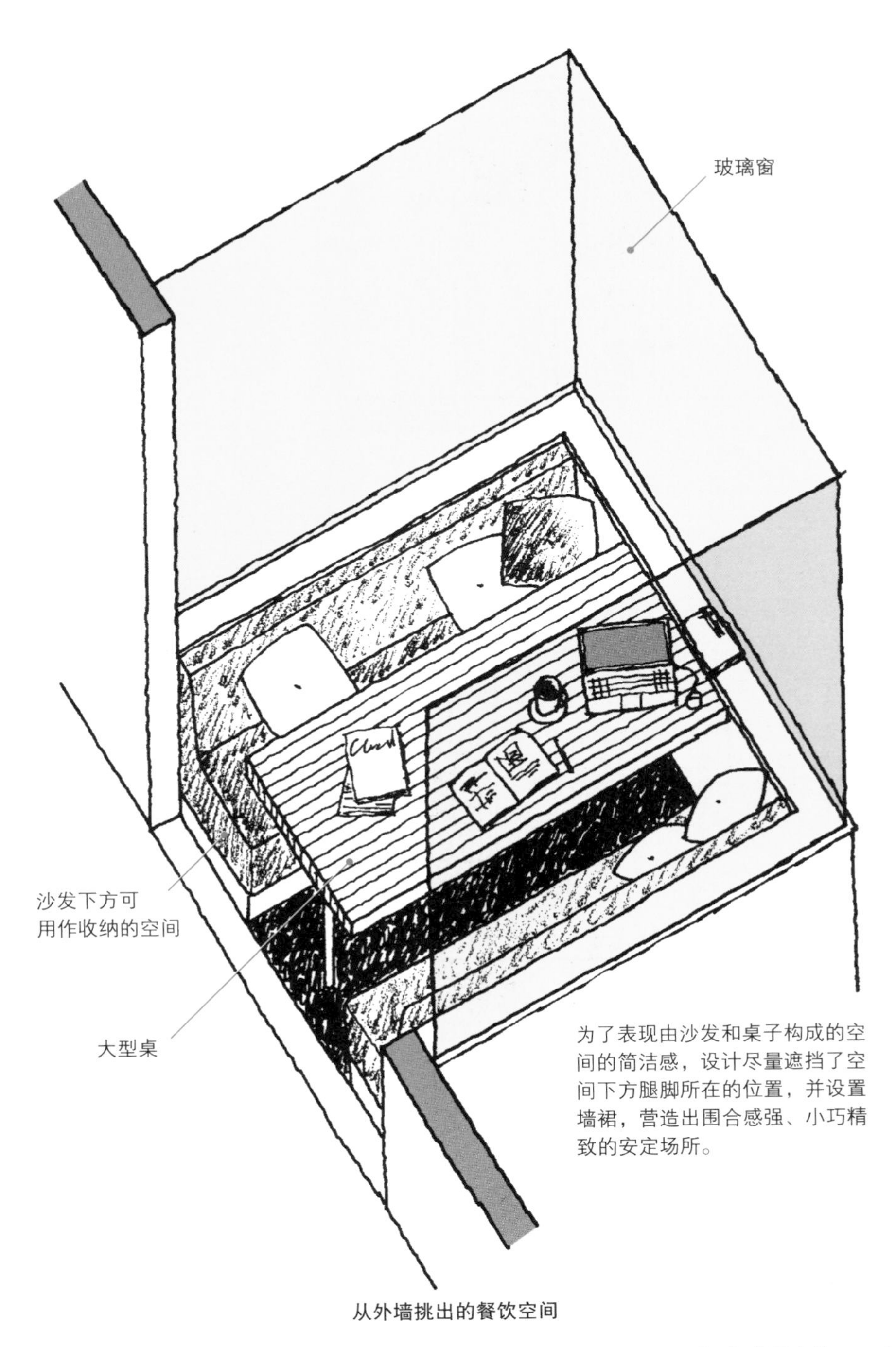

为了表现由沙发和桌子构成的空间的简洁感，设计尽量遮挡了空间下方腿脚所在的位置，并设置墙裙，营造出围合感强、小巧精致的安定场所。

从外墙挑出的餐饮空间

由沙发、桌子等定制家具构成的起居空间

设置了三面围合的定制台面，台面上方为玻璃窗，演绎了开放感强烈的奢侈书房空间。

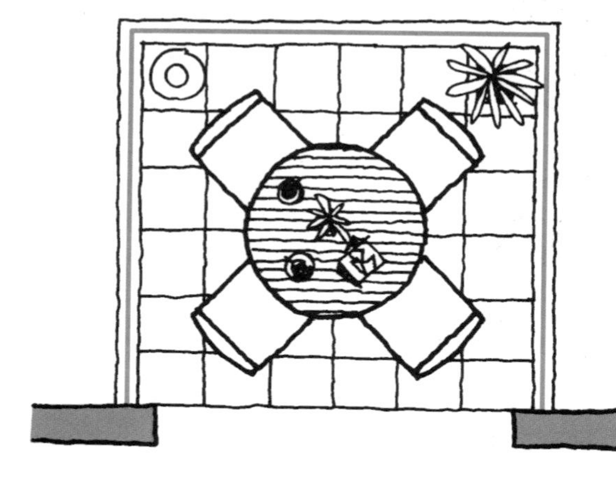

在由玻璃落地窗构成的开放式空间中，可以摆放上一些有品位的桌椅、照明设备及绿植等。

犹如指挥控制台般的单人书房空间

06

将风景变为绘画的小型窗户

无角柱的大面积窗洞

大面积的窗扇中设置若干小窗户

在一些地区的传统商业住宅中，存在采用尺寸较大的板户（日文称其为“大户”）的案例。大户表面再分割出尺寸较小的矩形作为出入口的门使用。大户属于大面积的开窗方式，与其相对的小型出入口却能够在大户关闭时也能自由出入。

这里推荐的是观景效果良好的大面积窗洞设计方案。当然，类似这样宽敞的开窗设计将演绎出外部与内部空间一体化的感受。伴随推拉窗扇，窗户将成为墙壁的一部分，一同存在或一同消失。

设有小窗的单开式推拉窗处于开启的状态

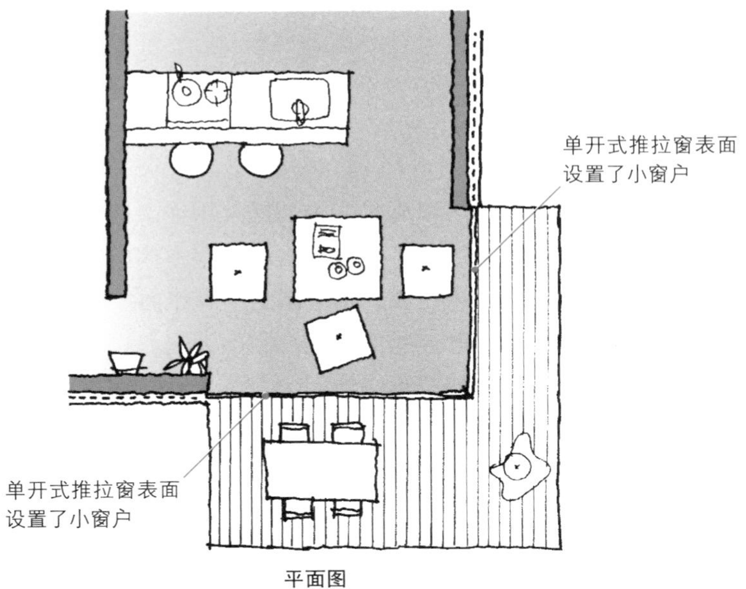

平面图

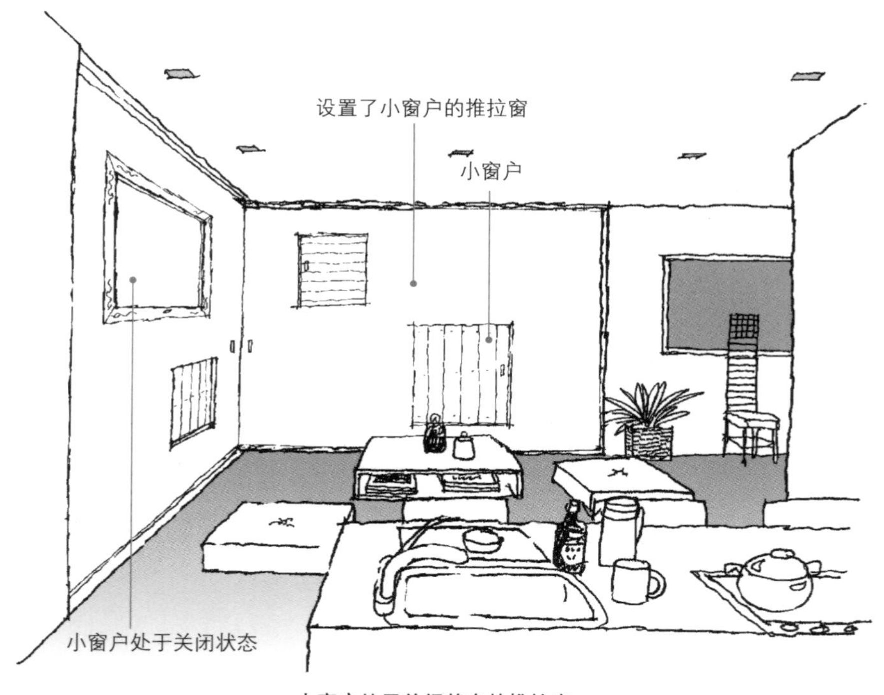

小窗户处于关闭状态的推拉窗

享受各种光与景的小窗户

我们的居家生活中，一扇窗户可以满足多种功能及用途。此处的小窗户窗扇可以采用纤维材质的障子、纱网等材料，便于调整室内的空气，也可以为小窗户增加窗框，让自然景色变成一张美丽的绘画作品。

关闭这种大面积的推拉窗后，开放感的景色会瞬间消失，再利用小窗户还是可以展现出如画般的小景。倘若难以使用大户，这种被细分化了的小窗户未尝不是一个好的选择。

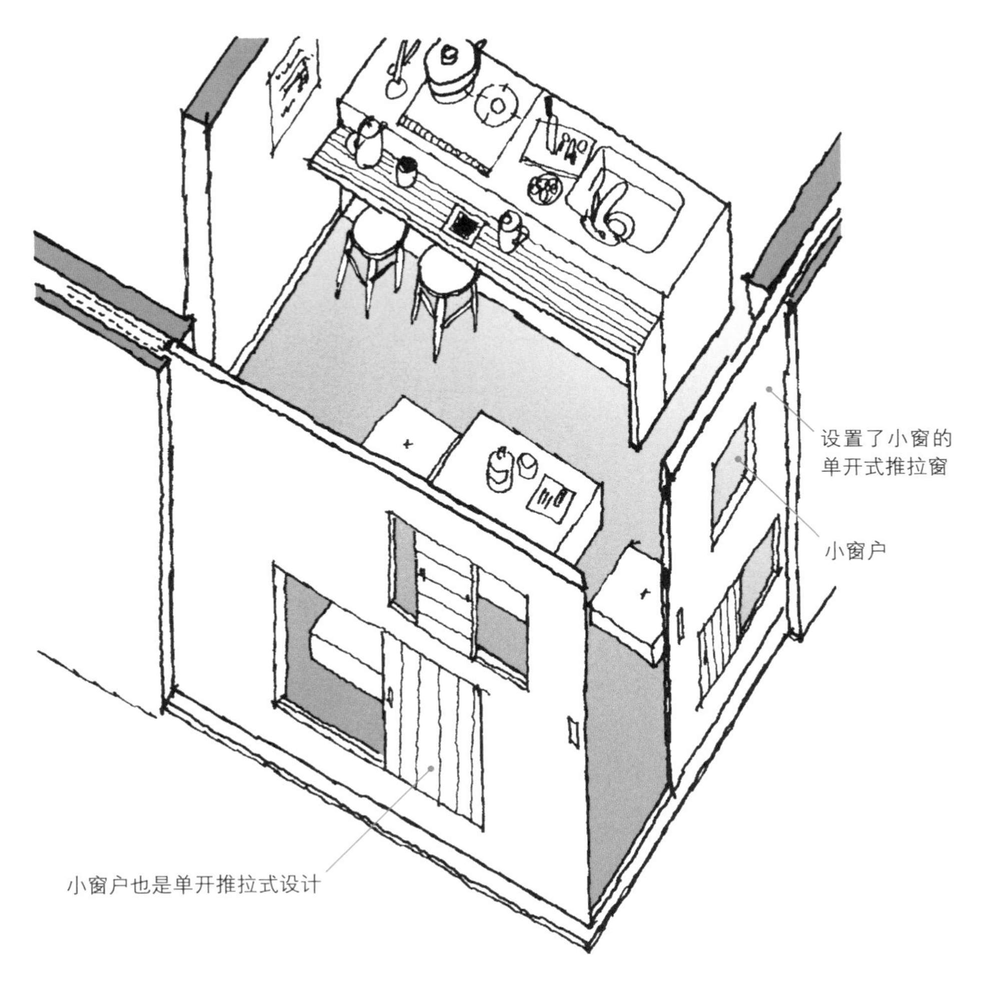

设有小窗的单开式推拉窗　轴测图

07

连接外部空间而增加的开放感

场地周边如果存在值得期待的景观，那就扩大窗洞的面积吧。比起在墙壁上开窗，还不如直接引入外部环境，把一整面墙壁变成窗户。

因为垂直壁多少会妨碍视线的延伸，所以直接从地板到顶棚设为通高的窗户吧。为了更好地弱化窗户的存在感，可以将其设置为推拉的开闭方式，并收纳于墙壁外侧。

从窗户可以感受到大海、朝阳、日落及流云等丰富的自然变化。面朝大海出挑的露台也可以展现犹如鸟类般的自由心情，因此是非常重要的设计方法，它似乎拥有与日本传统民居中常见的廊下空间一样的特性，可以营造出外部与内部一体化的空间，这种空间孕育出与自然共生调和的建筑空间。

窗面积较小的情况下，即使窗外存在广阔的美景也无法欣赏和利用。

封闭的空间

与外部空间联系较弱的窗户

根据窗户的尺寸、位置及露台等因素，能够营造多种与外部空间相连的丰富空间。

外部与内部空间一体化的设计

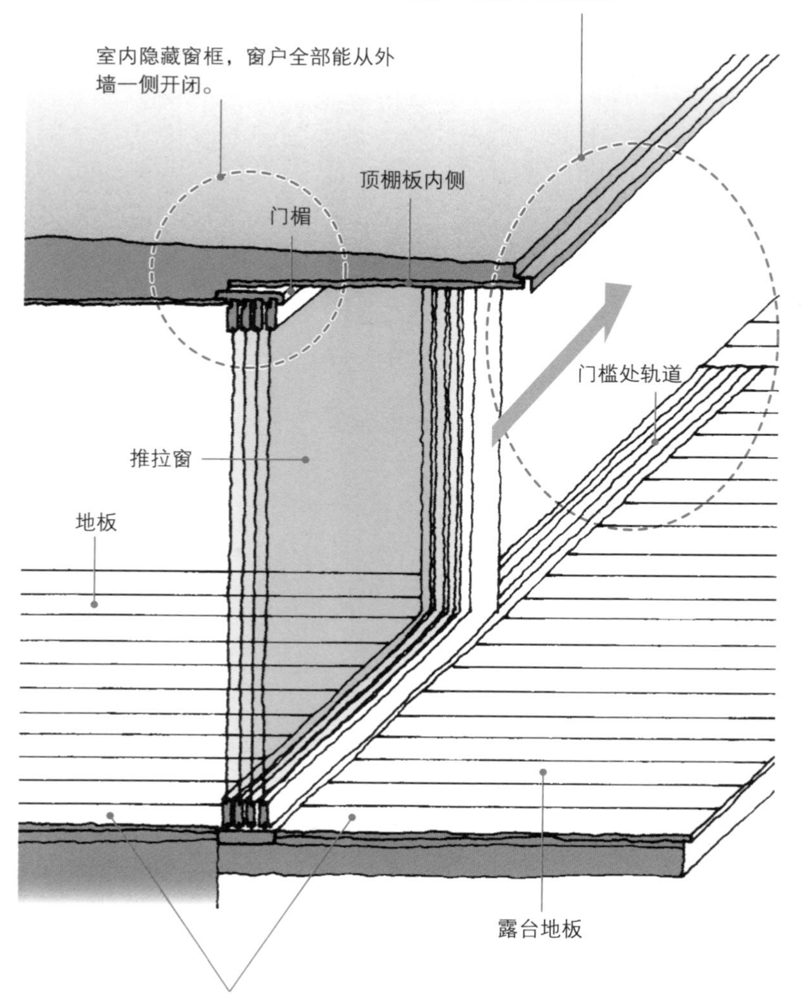
为了取得大面积的开放感而不设垂壁，落地窗户一直扩延至顶棚。
室内隐藏窗框，窗户全部能从外墙一侧开闭。
顶棚板内侧
门楣
门槛处轨道
推拉窗
地板
露台地板
不设高差有助于露台作为室内的延长空间使用。

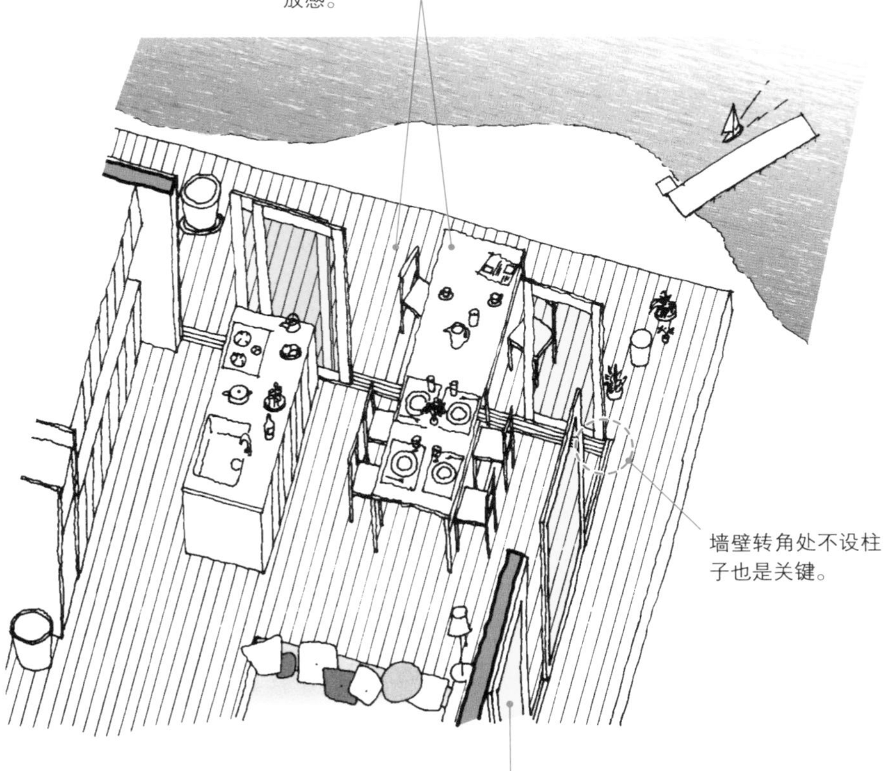
由于开窗的关系，露台与起居室
相连，空间得以延伸，呈现出开
放感。
墙壁转角处不设柱
子也是关键。
墙壁外侧设置推拉窗，在全开启的情况下，
窗户将从视线中消失殆尽。

开启的窗户

08

产生空间连续性的窗户配置

考虑视线、交通流线、通风等因素设置窗户的位置。

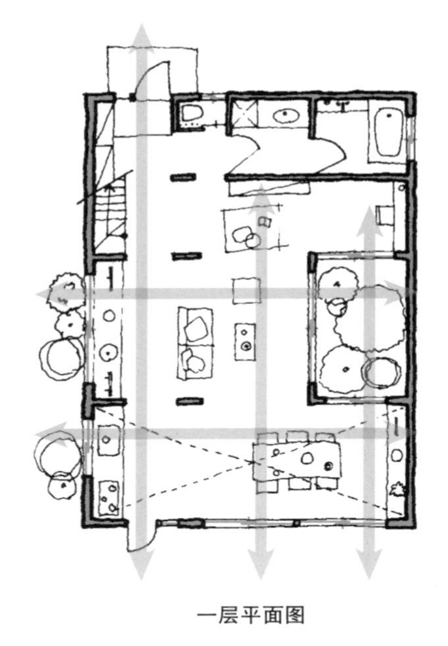

一层平面图

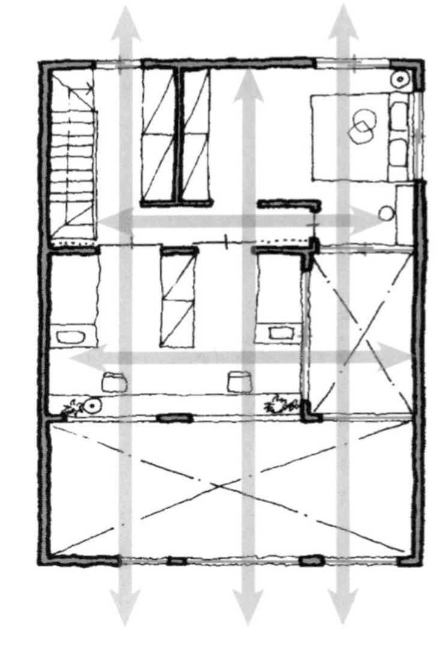

二层平面图

红色枫树的庭院、儿童游乐空间、有母亲忙碌身影的厨房，等等，一起来营造几处风景连续的有趣空间吧。为了达到这个目的，我们需要把视线前端的窗户设置成连续状，因为这样内部空间构成在一条线上，所以大人可以安心守望儿童，随时了解儿童的活动情况。

通过窗户的开闭控制通风情况，可以调节室内的温度。设置百叶窗、遮帘等设备，也可以调整视线和光线。

根据窗户的面积及位置设计，演绎出热闹、活泼的空间氛围，使家庭成员关系更加亲密。有时，即使被家人找到属于自己的秘密基地，也不会让人觉得尴尬，反而能够促进家庭成员间的关系更加紧密，加深相互之间的了解。

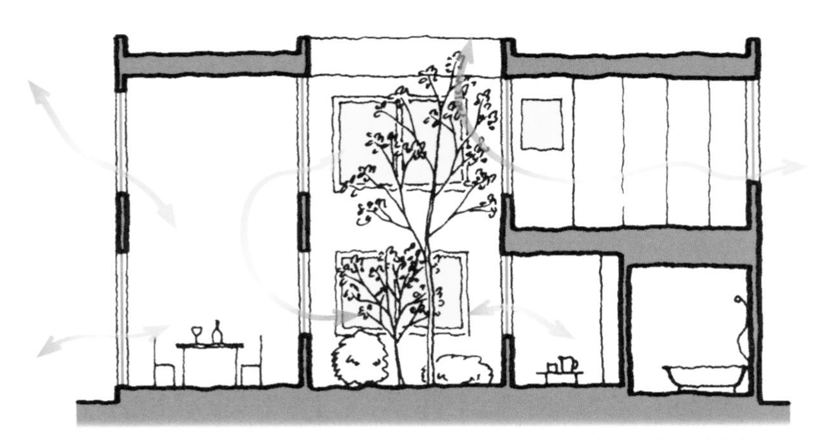

为了提升空间的开敞性，可以沿垂直方向设置挑空空间并设置合适的窗户。

剖面图

在起居室、厨房、餐厅等空间内，利用窗户连通多个方向的空间，打造建筑内部的空间连续性。

立面图

09

高侧窗是很好的选择

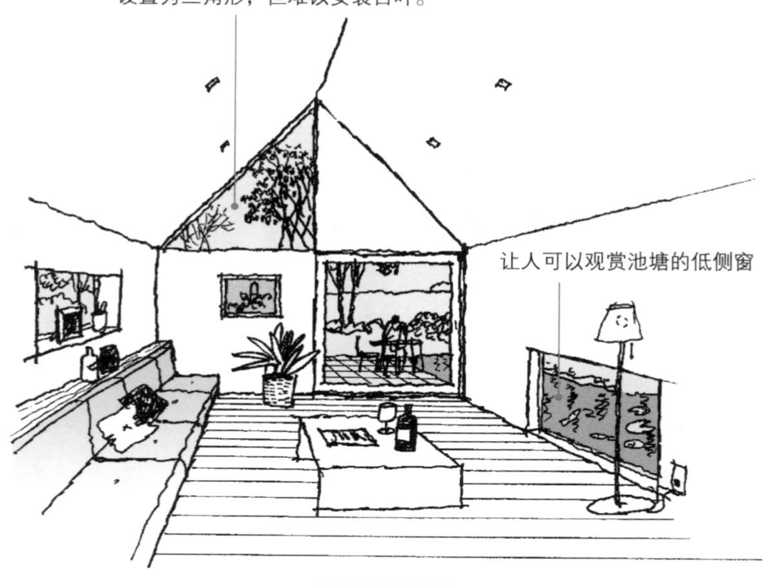

山墙处的高侧窗

一般而言，窗户都是安装在垂直墙面上开凿的窗洞内，而安装在屋顶上的窗户称为“天窗”，天窗拥有墙面窗户近3倍的采光量。

与此同时，设置在靠近屋顶高墙上的窗户称为“高侧窗”。通常情况下，高侧窗的采光、通风效果也比设置在低处的窗户好一些。

在发明玻璃材质的过去，在屋顶上开窗仅用于一部分茶室，而町家建筑内，采光、排烟用的空间（土间）上部都采用高侧窗设计，窗扇使用经防水处理后的纸质障子。

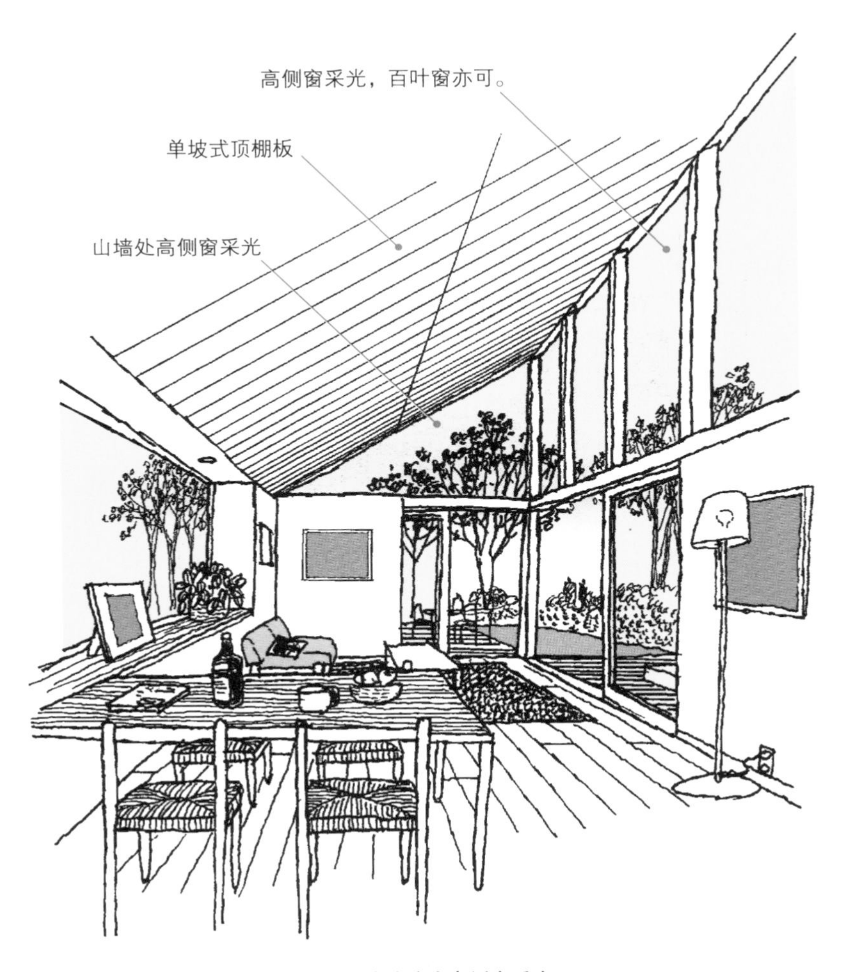

大面积的单坡式高侧窗采光

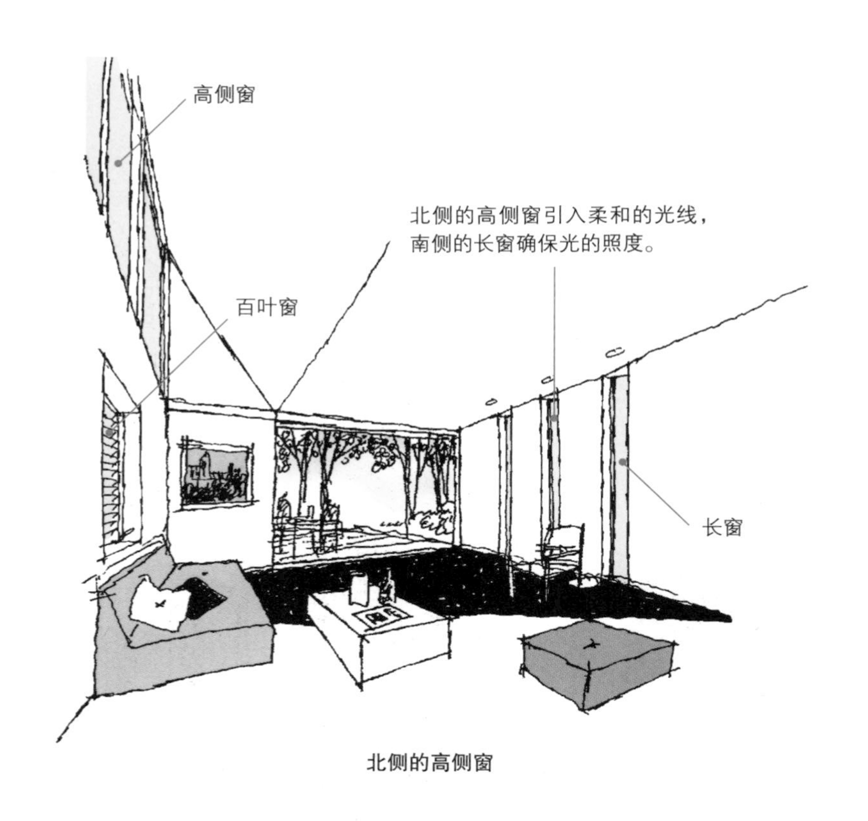

北侧的高侧窗

天窗虽然拥有优秀的采光效果，但通风方面具有难点，同时夏季直射光线过强也是它的缺点。

因此，高侧窗一般设计在北侧，确保北侧的采光效果。其原因是北侧的光线较为柔和。另外，高侧窗的位置导致其开闭不太方便，但可以采用百叶窗等从低处便于控制开关的窗型。

像这一类居于高处的窗户更易于确保隐私，因此居住者可以伴随朝阳起床、观望星斗入眠，充分享受生活的乐趣。当然，为确保隐私，也可以将透明玻璃替换成透光的百叶、磨砂玻璃等材质。

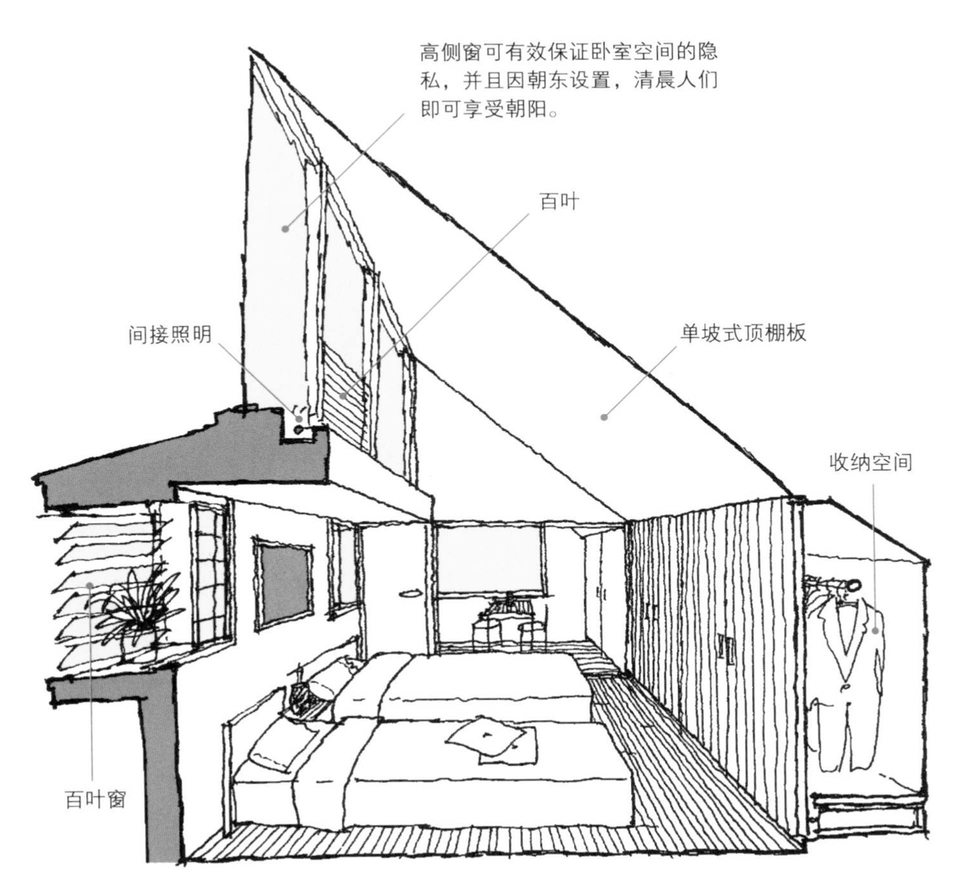

设置在卧室东侧的高侧窗

10 天窗可以改变空间

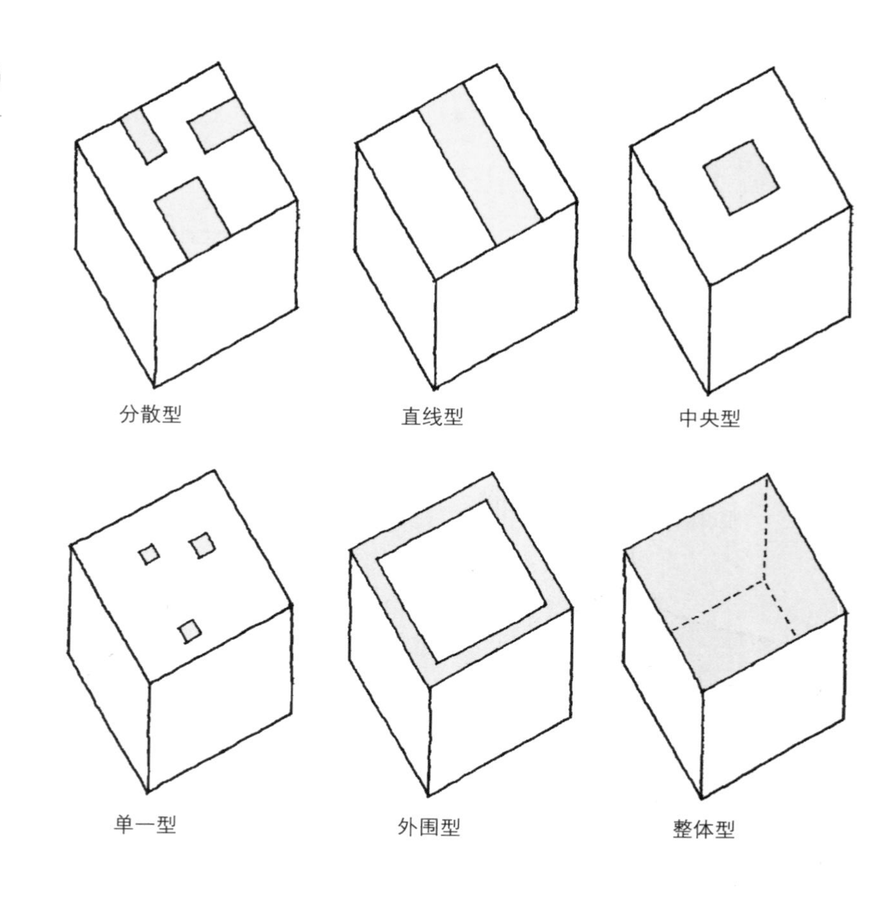

天窗是设置在屋顶上方的窗户。面积相同的情况下，天窗的采光量是设置在外墙处窗户的近3倍。

在场地条件制约，难以向周边环境开窗或不想在外墙开窗的情况下，设置天窗是较为有效的措施。

根据天窗的面积大小、设计方式的不同，可以创造出单纯采光或是身在室外等多种多样的空间体验效果。在平面布局中，可以结合公共空间的交通流线、空间使用功能等设计天窗的位置及尺寸。在向隐秘私密空间引导的流线范围内，可以运用间接性采光的方式设置天窗。

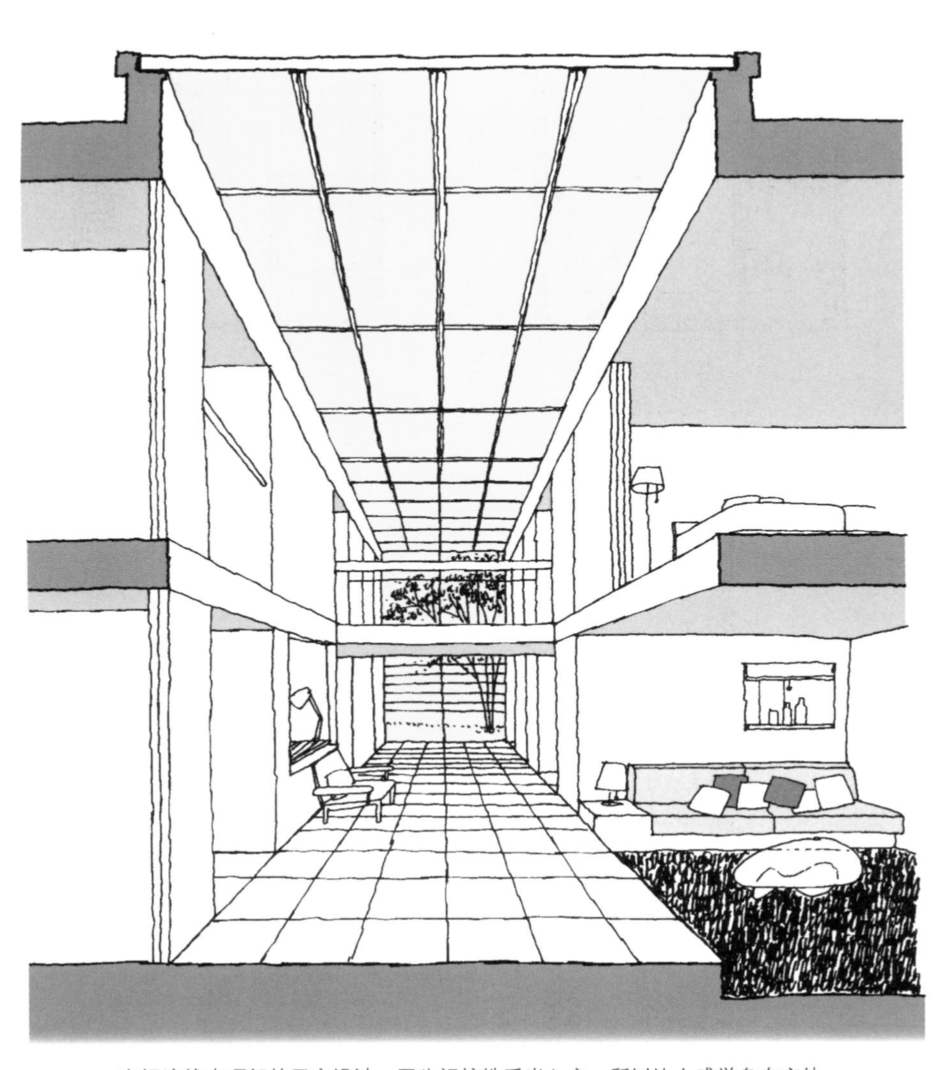

空间流线中顶部的天窗设计。因为间接地采光入室，所以让人感觉身在室外。

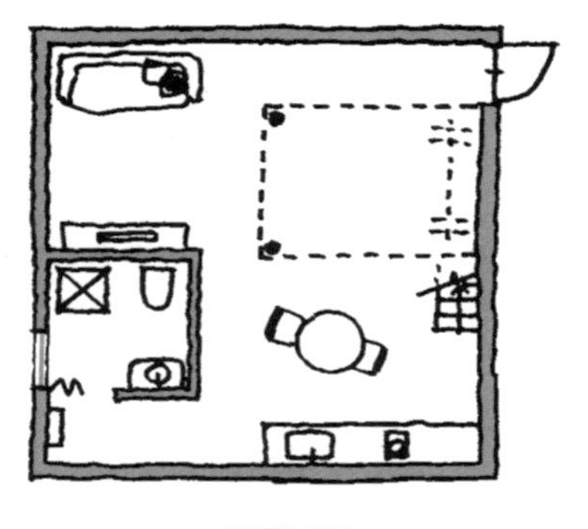

一层平面图

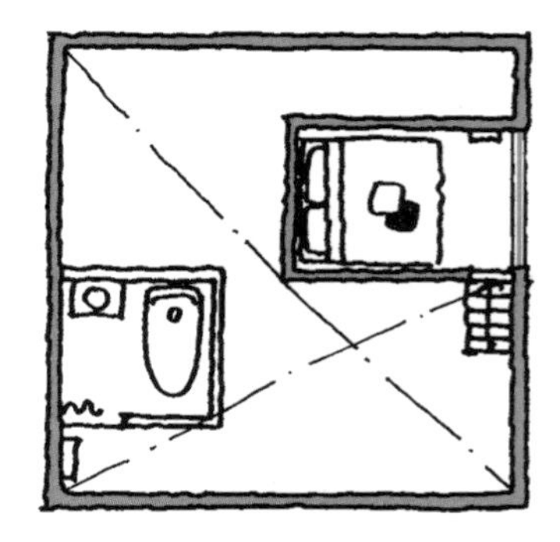

二层平面图

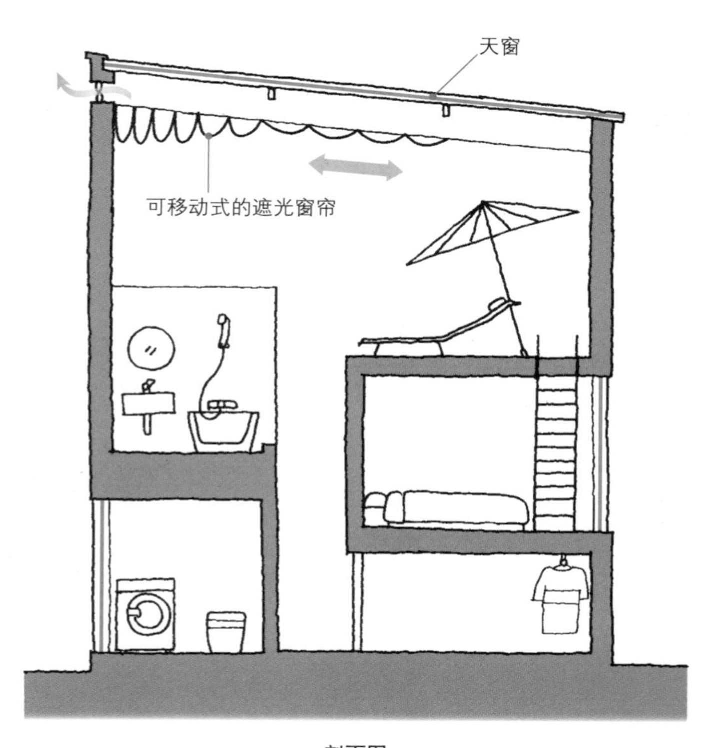

剖面图

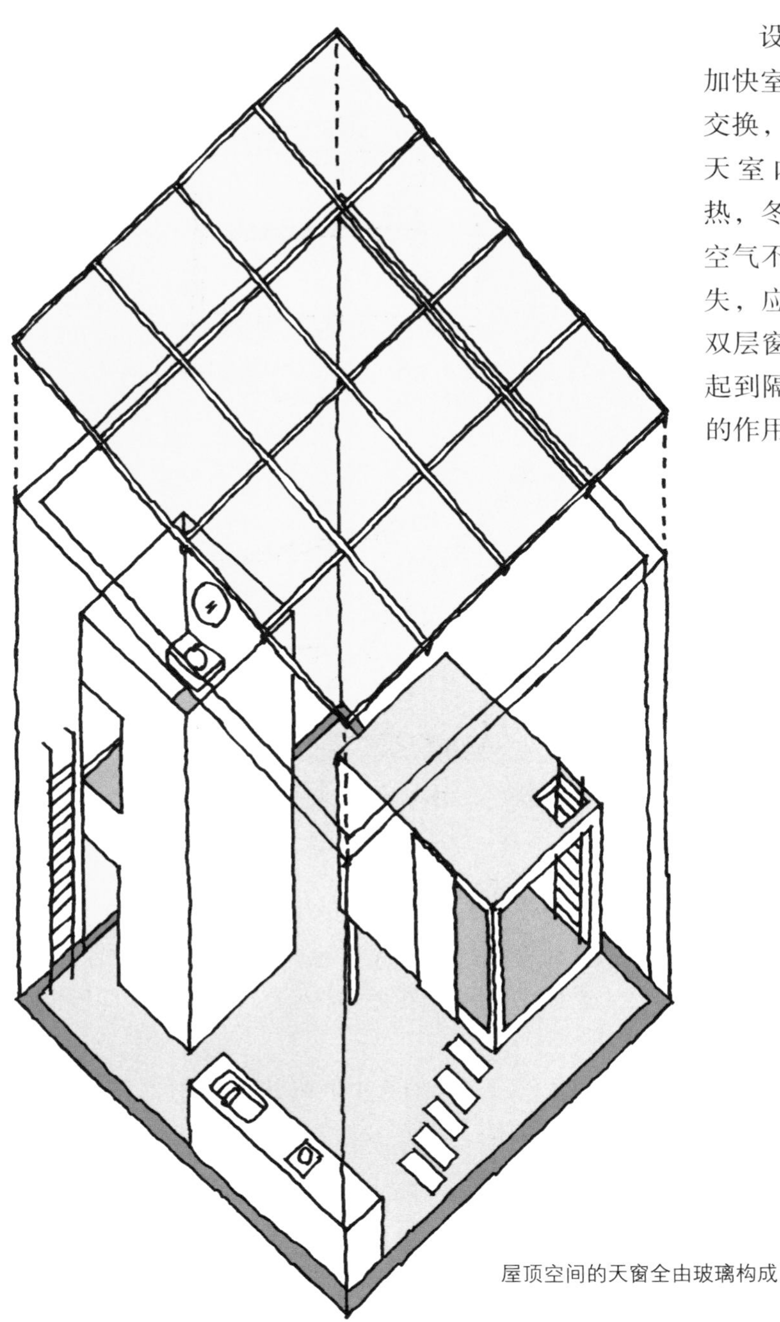

设置天窗会加快室内外的热交换，为了使夏天室内不会太热，冬天室内热空气不会快速流失，应考虑设置双层窗户，从而起到隔热、保温的作用。

屋顶空间的天窗全由玻璃构成

11 挑空便于采光

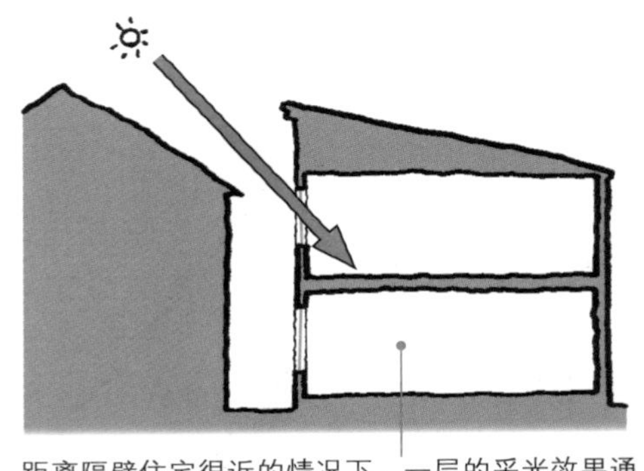
无挑空空间的情况

距离隔壁住宅很近的情况下，一层的采光效果通常不太好。若有屋檐的话，一层无法采光。

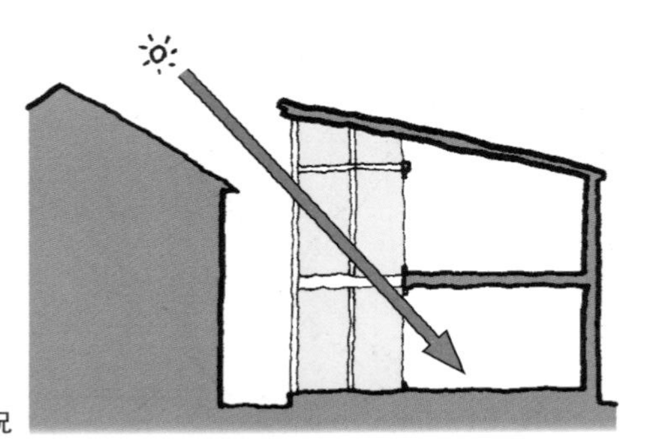
设置了挑空空间的情况

有了挑空空间，原本昏暗的一层将变得明亮。

因为与隔壁建筑间距太小难以采光的情况时常发生。该情况可以通过设置挑空空间而得以改善。挑空是确保采光、通风非常有效的设计方法，适用于3层以上的住宅、地下室的干燥空间及采光天井等场所，能够演绎出空间的连续性及开阔性。

即便是狭小的住宅空间，挑空空间的利用价值也值得期待。挑空与楼梯结合使用也属于常见的设计方法。此时，楼梯若采用钢制穿孔板或纤维增强复合材料（FRP）的隔板，效果一定十分可观，这种材料也可用于廊下空间。

大面积窗洞一侧设置挑空空间，可以将自然光一直引导至住宅内侧，由此营造明亮的室内空间。

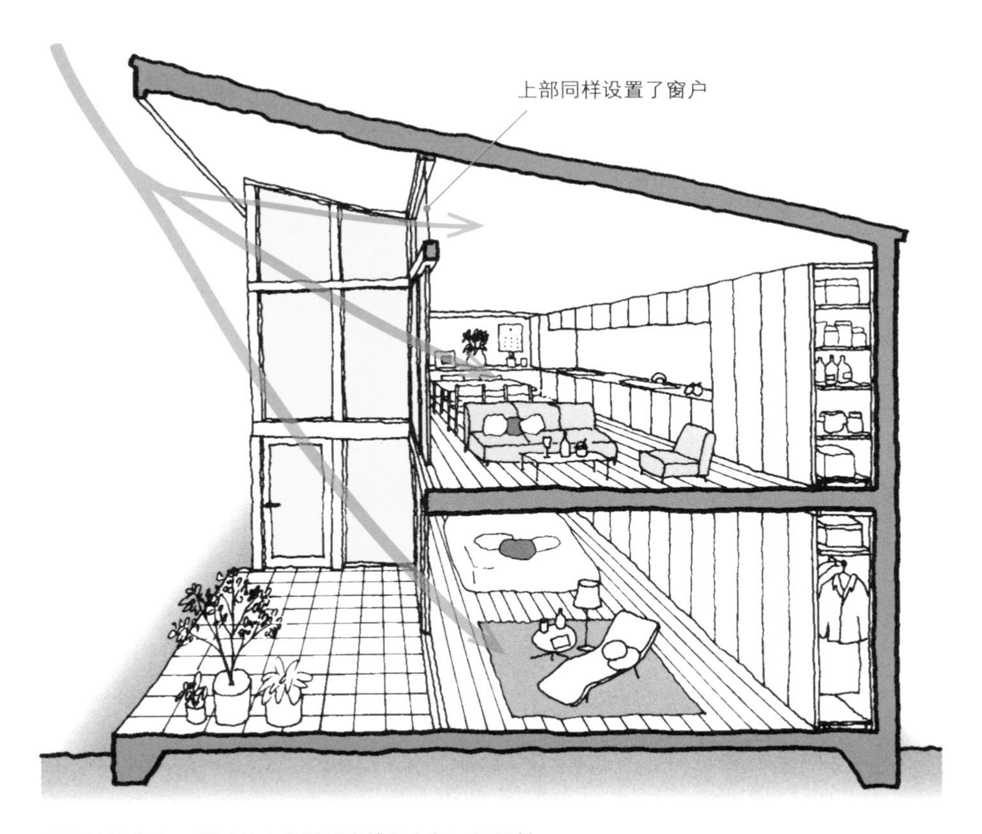

因设计了挑空，所以各个房间采光效果良好，又因挑空部分无楼板，所以空间显得更加开敞、通透。

12

适用于住宅密集地的天窗设计

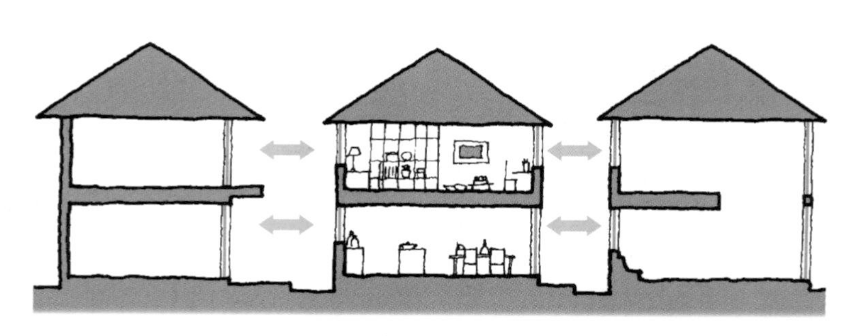

与隔壁建筑间距过小将导致噪声、低层采光不足等问题的产生，同时，由于相对开窗的关系，私密性也较差。

建筑间距过小的住宅

在一块狭小的场地内，住宅建筑分布密集的情况下，由于间距过小，所以难以确保隐私，还将导致噪声、采光不足等问题的产生。解决这些问题的方法之一便是使用天窗引入光线。从天窗射入光线并通过白墙的反射，然后再通过挑空空间将光线引导至每个房间。我们可以通过设计剖面布局，结合具体使用功能及行为方式，提出各种各样的方案。

为了改善通风效果，可以安装百叶窗。百叶窗的开闭除了依靠手动以外，也有电动式、无线控制等方式，根据设置场所选择适当的控制方式。

相比直射光，通过墙面反射得到的光线更为柔和，因此推荐将这种做法用在书房、学习空间、艺术工作室等需要稳定光线的空间。

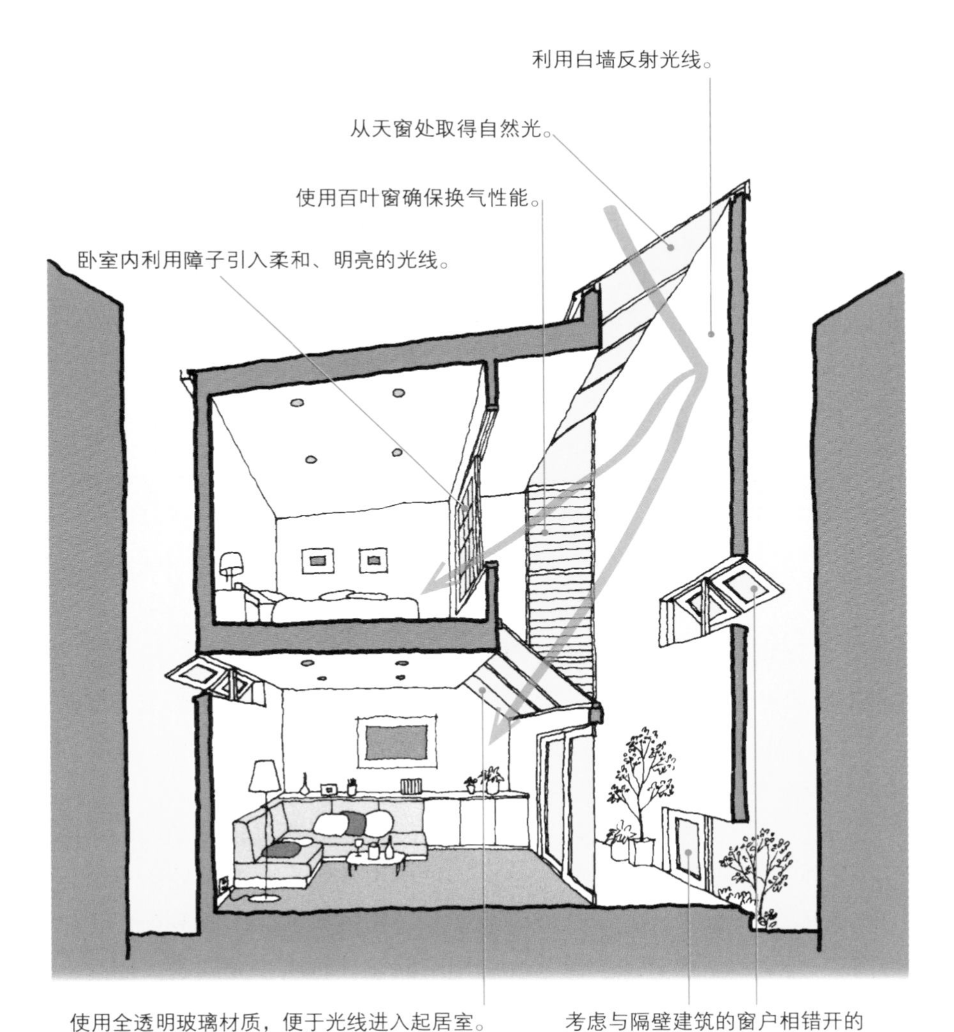
利用白墙反射光线。
从天窗处取得自然光。
使用百叶窗确保换气性能。
卧室内利用障子引入柔和、明亮的光线。
使用全透明玻璃材质，便于光线进入起居室。
考虑与隔壁建筑的窗户相错开的配置方式。

利用天窗采光的构思

13 从邻居家的上方采光

利用南侧的高侧窗采光

城市高建筑密度的住宅区域内，往往存在南侧采光困难的问题。即使将南侧场地设置为庭院，建筑建于场地北侧，隔壁建筑的阴影也会照落到南侧庭院内，而且往往直接面朝邻居住宅的背面（卫生间、浴室等空间），因此居住心理感受不佳。

这时，还是尝试将建筑放置于南侧场地，然后通过设计剖面，从隔壁建筑屋顶之上借光吧。具体措施是，从顶层引入的光线借助墙面反射再通过挑空空间将光线带入底层，或者改变二层楼板构造，将其改为便于二层空间引入光线的斜面形态。总之，利用剖面设计解决采光问题。而且，由于南侧建筑的关系，北侧可以设置为庭院并种植一些树木，从而让人可以欣赏到顺光照射的植物美景。

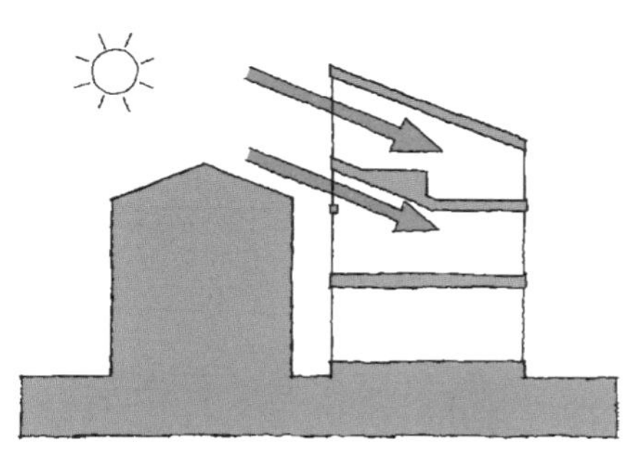
为使二层更好地引入光线，改变了二层与三层之间的楼板形状。

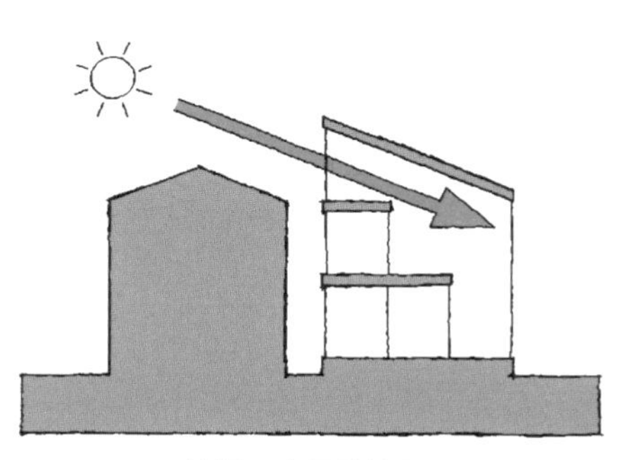
连通至底层的挑空空间。

确定便于冬至日光线入射的角度。

朝北侧设置大面积的开窗，并适当布置住宅北侧的庭院空间。在庭院可以适当种植花草，使人们在室内欣赏到顺光照射出的美景，同时也能美化街区环境。

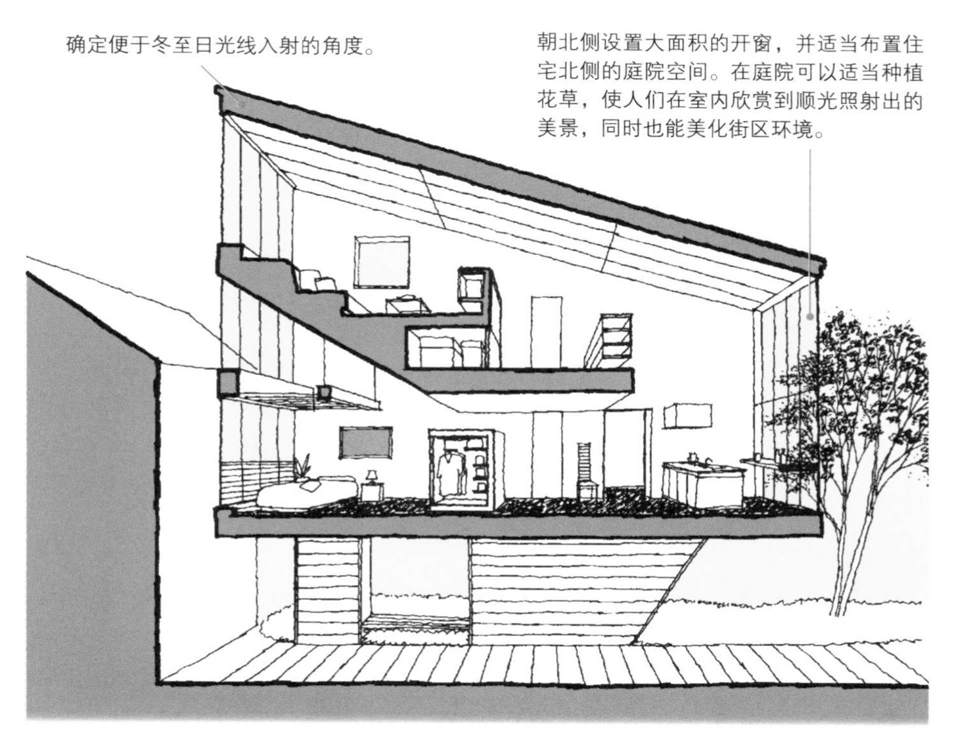
为使二层部分也能顺利采光，改变了三层地板的形状。改善空间内侧的光照、通风条件的关键在于建筑剖面的设计。

剖面设计

14

展现空间感的箱形天窗

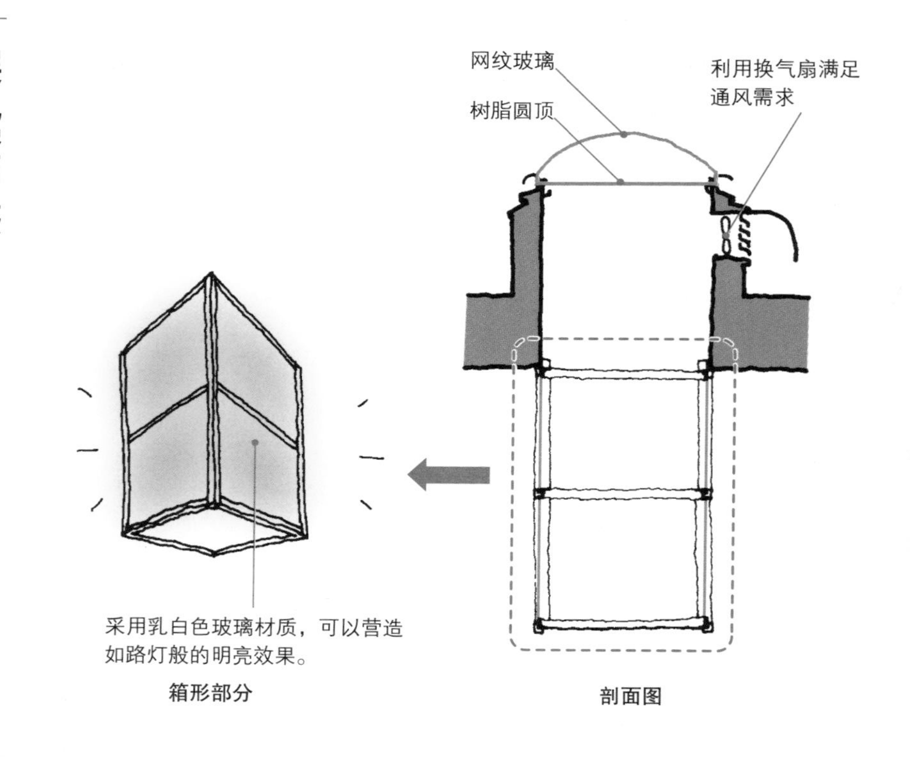

另一种利用天窗采光的设计是设置箱形空间，并在该空间内放置上收藏品或是绿植。天窗下方安装上玻璃箱体，玻璃可以是全透明的，也可以是乳白色树脂材质等。现在玻璃、树脂有许多颜色，可以随意组合搭配。箱体上方再设置精巧的照明，夜间也可以延续其展示的作用。箱体的开闭可根据具体喜好和需要，选择推拉式或双开式等方式。

天窗的首要目的是采光，但上部墙壁可以考虑设置换气扇，以便调节室内温度。

根据箱形天窗的结构不同，搭配植物或收藏品等，可以营造出个性化的感觉，使空间更加丰富多彩与富于变化。

能让人享受植物光照美感的箱型天窗

15

阳光房是舒适的半室外空间

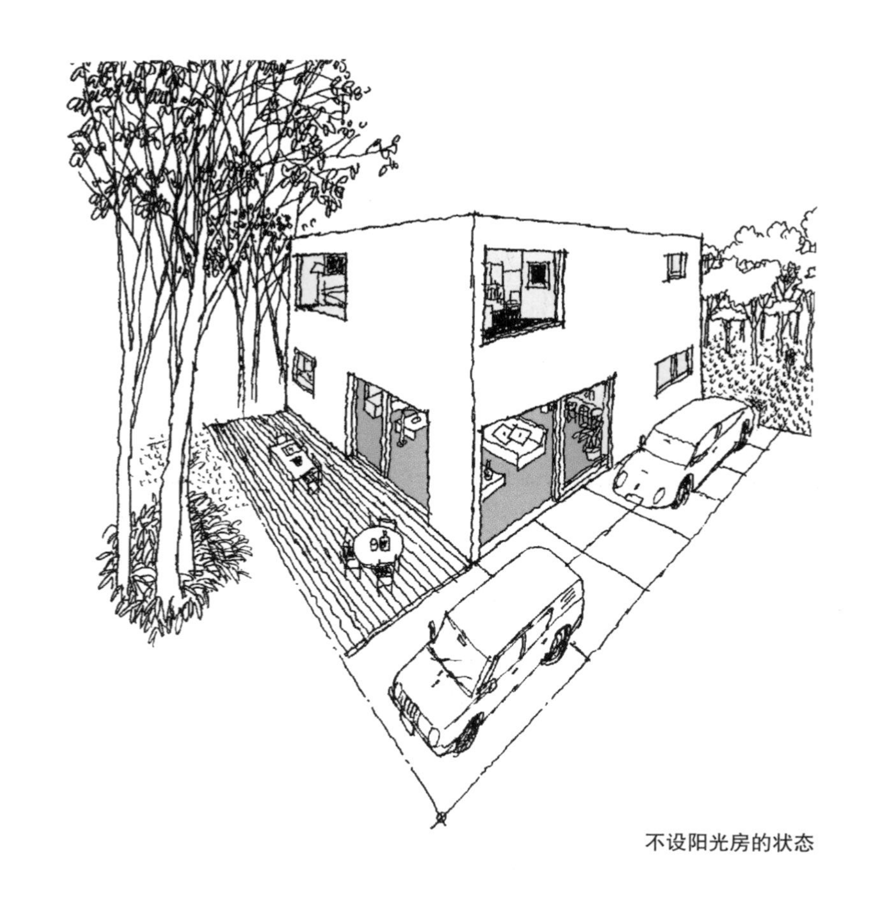

不设阳光房的状态

“Bay Window”是指美国后现代主义建筑师查尔斯·摩尔的代表作之一海滨公寓中的阳光房。特别是稍感体寒的时候，若有阳光房，人们会更加感受到温暖、舒适。

仅仅是由窗户和出入口构成的普通住宅，外部与内部空间的界限被明确区隔，雨天将无法外出，以至于错失了很多快乐的时光。日本的季节变化较明显，所以不管是寒暑、雨天还是晴天，生活范围被限制在室内的情况较多，但如果能时常在阳光露台这类半室外空间活动的话，那么人们的生活一定会变得更加丰富多彩。

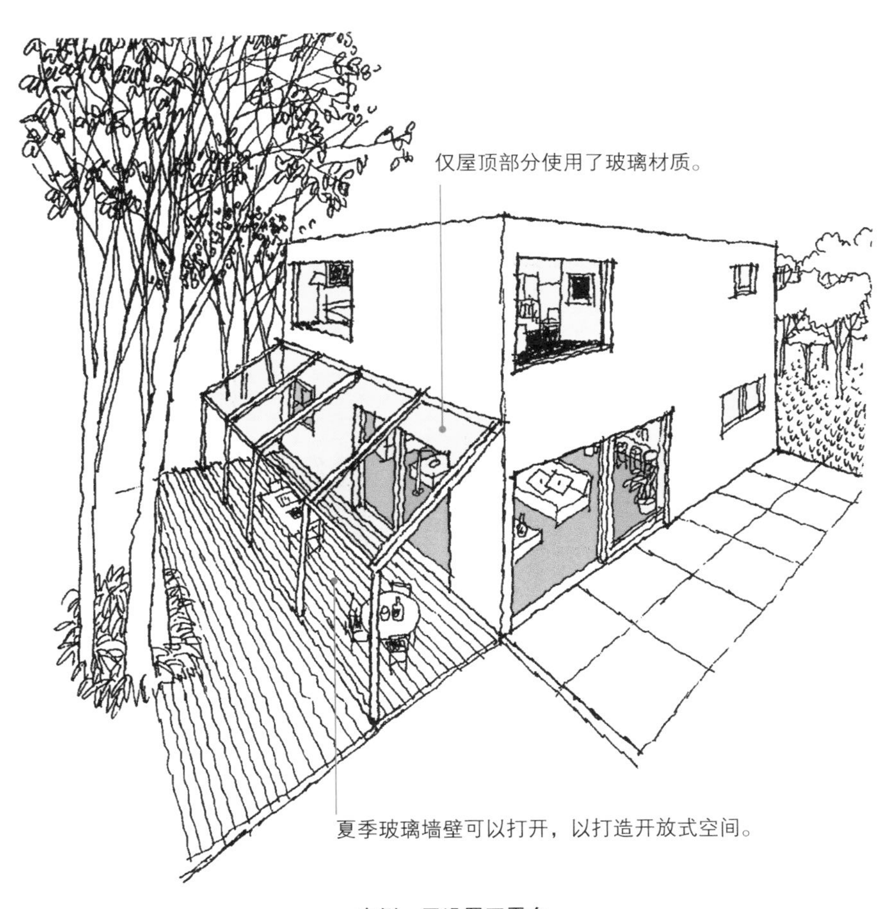

南侧一层设置了露台

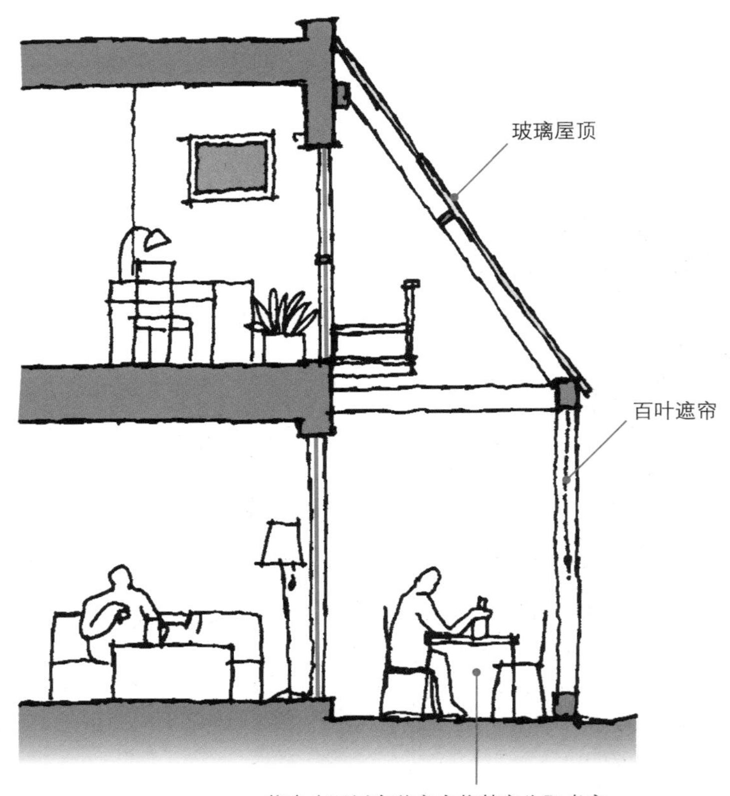

放弃停车空间，将其转变为阳光房

阳光露台、阳光房等类型的空间可以作为室内外环境的过渡平台，虽然效果并不突出，但也能为节能、隔热保温做出一点贡献。冬季关闭阳光房的换气扇可以使房间的热空气不容易流失，为形成自然式的暖气空间提供一定的帮助。换至夏季，必须依靠遮光帘、百叶卷帘等设备阻断外界强光。通过向玻璃屋顶喷水，可以使人在视觉上和身体上感受到的凉爽。

当然，阳光房的维护与清洁也将消耗一定的时间和精力，但是在这个空间可以享受到四季的变化，可以带来快乐的生活，可以满足家庭成员沟通、游乐等，所以它的存在还是很有意义的。

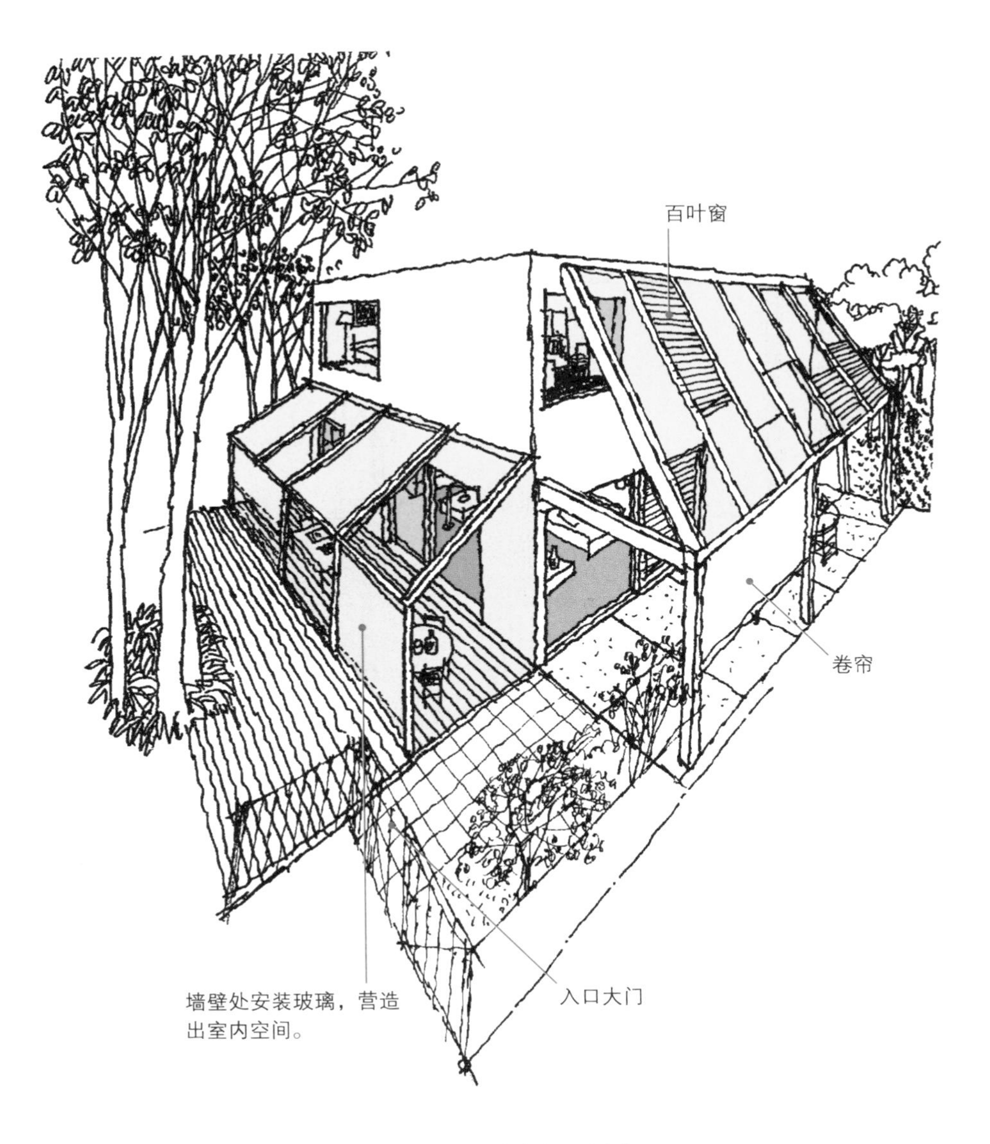

设置休闲露台营造半室外空间

16

具有适度围和感的外部空间

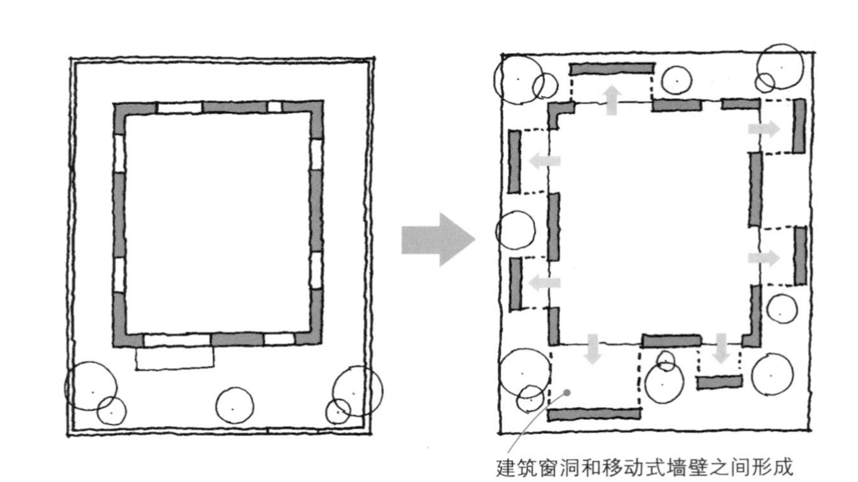

向外移动的墙壁

在住宅表面开凿大面积的窗洞并不意味着一定是为了加强与外部环境的联系。积极营造向外延伸、便于家人团聚交流的空间是丰富室外生活的一种方式。

日本住宅中，常常可以见到在用地边界处建造矮墙，围合出私人庭院的设计案例。从社区营造的视角分析，这一类属于封闭式设计方法，这种街道景观难以让来往通行的行人感到愉悦。

因此，在考虑建筑物开窗之际，建议结合窗洞的尺寸和面积，将外墙向外侧环境延伸。

滑动式墙壁类似隔墙，能够营造出外部空间的围合感，也不会使室内空间完全暴露在外，而当隔墙全开启后，人们便可充分享受室内与室外空间一体化的空间感觉。有节奏地设计绿植与隔墙的关系也能为街区、街道环境的营造增添色彩。

隔墙向外滑动能够营造私密的外部空间。

既能确保隐私又能适当扩展的外部空间

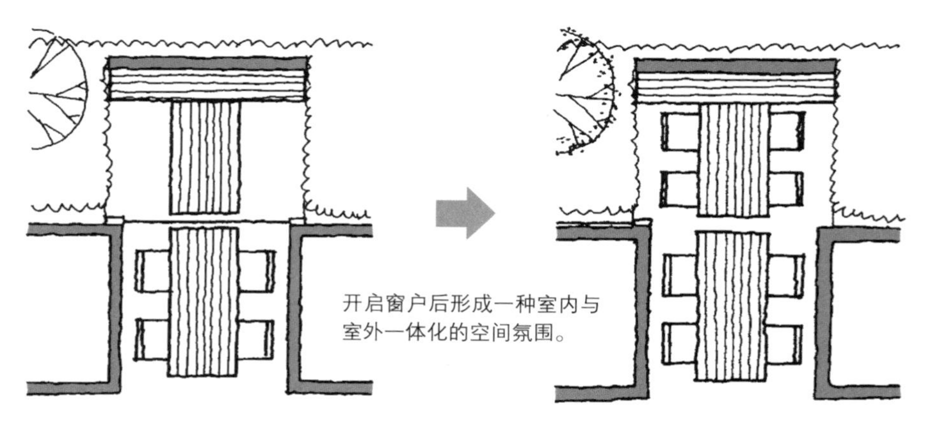

窗户处于关闭状态

窗户处于开启状态

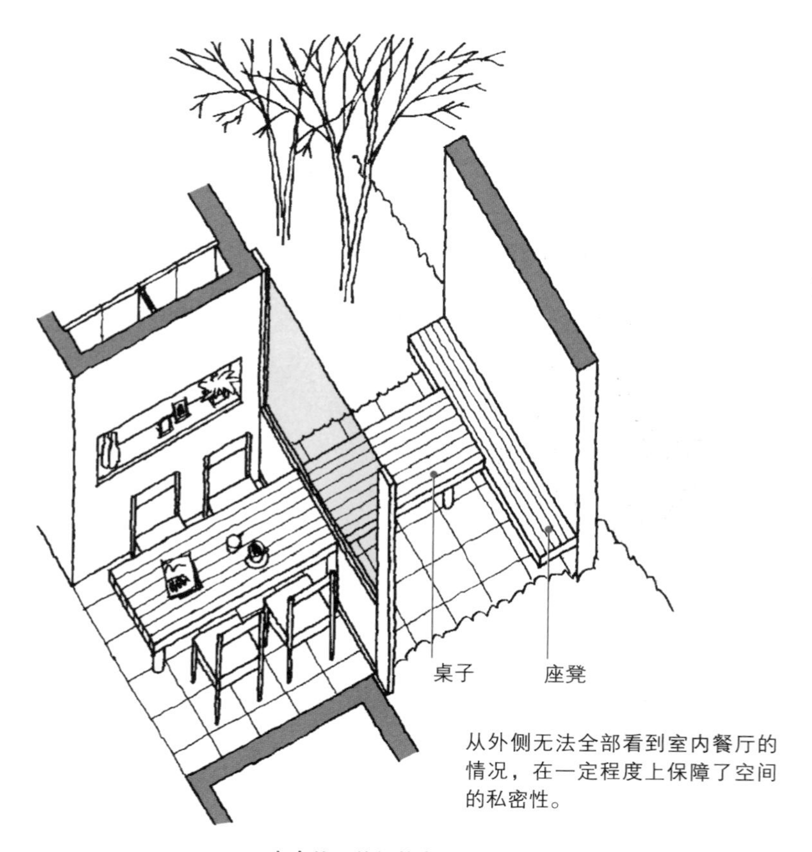

窗户处于关闭状态

根据心情和季节可以开启窗户，
享受开放的室外生活。

窗户处于开启状态

17

模糊内外空间的界限

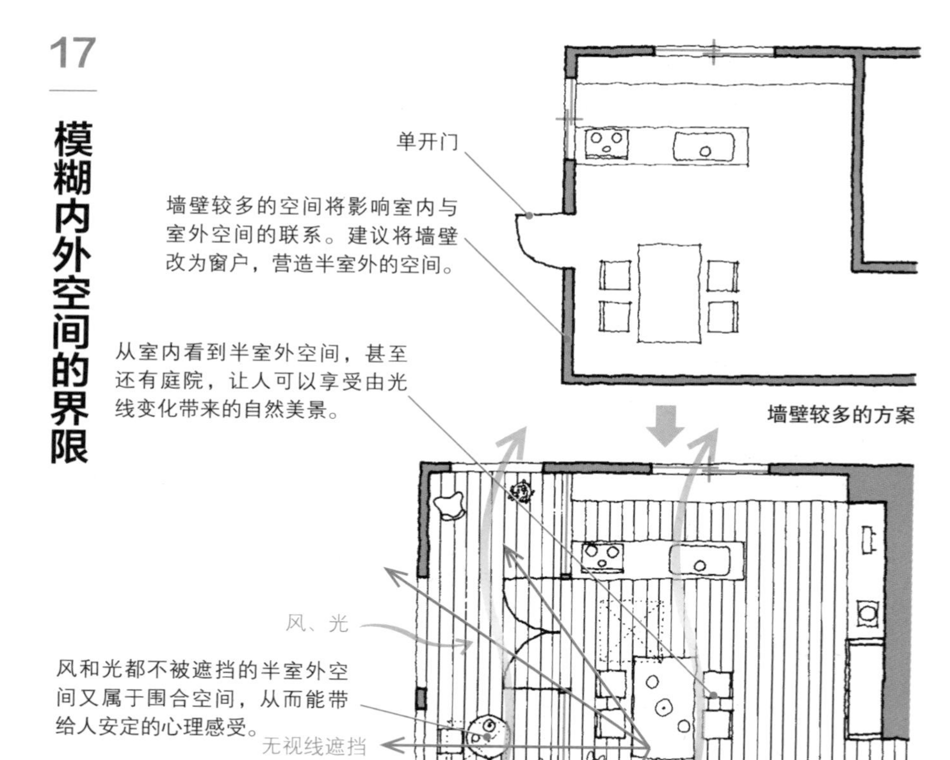

墙壁较多的方案

墙壁较少、开窗较多的案例

人在围合空间容易产生身处内部的感受，围合空间尺度越小，这种感受会越强。此时，空间内若无门窗洞的话，人们会觉得异常封闭，甚至产生呼吸困难的感觉。

窗户的设置方法与墙壁、顶棚板的构成非常重要。比如，内外空间的建筑材料若能相互统一，便会削弱这种界限差异，让两种空间自然衔接，也可以采用隐藏窗框的设计方法，又或是在细节处理上弱化所有多余部件的存在感等。

随意打开窗户都能感受到风与光。即便当时站在窗前，也会有一种身在窗外、内外界限相对模糊的感觉。这种设计能够为人们的生活带来更多愉悦。

不设窗框的窗户。利用墙壁、顶棚板处的窗户将室外景色借入室内。
统一顶棚板建筑材料可以营造室内外相连的空间感。
天窗
统一顶棚板、地板的材料可以加强建筑空间室内外的连通感。也可以统一室内外标高或墙壁的材质。
采用无明显窗框的落地窗

连通室内外的过渡空间

18

抵御光、风和视线

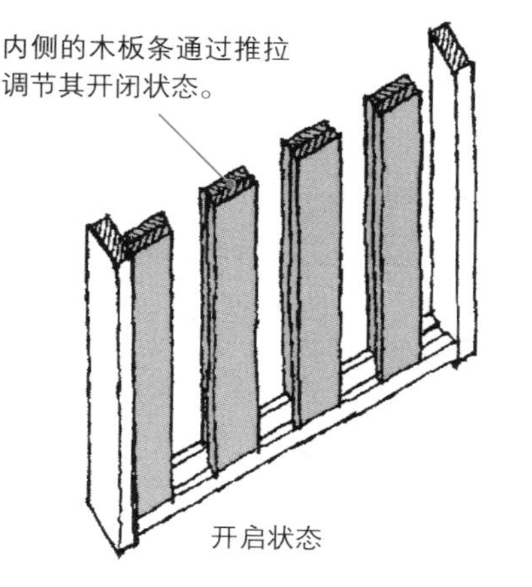

无双窗的特点

无双窗适合乌黑的围墙

在日本传统民居中，无双窗是广泛使用的窗户类型。在传统住宅北侧厨房的窗户常常使用这种窗户类型。无双窗可以满足一定的通风和采光，也可以避免流浪动物入室偷食。

无双窗是由多块木板条纵向安装在内外两侧，其中内侧板条做成可滑动状，通过推拉便可开闭窗户。虽然看似简单、朴素，但可以满足采光、通风的需要，同时也可以起到调节视线及防盗的作用。因为无双窗不如现在的铝合金窗户拥有高度的封闭性，运用在住宅设计中的情况变得越来越少。

无双窗若用在外部庭院的围墙，那么它可以增加围墙的功能。某些别致的高级日式餐厅的围墙局部便采用这种无双窗的设计，视线穿过窗户，可以隐约望到映透出暖光的半透明障子，耳朵也可以陆续听到拨挑三味线[19]的弦音，展现出一种犹如在乌黑围墙外透望墙内绿松的日本风情。围墙并没有完全切断内部与外部空间的联系，而是使用巧妙的方式将两者联系在一起。

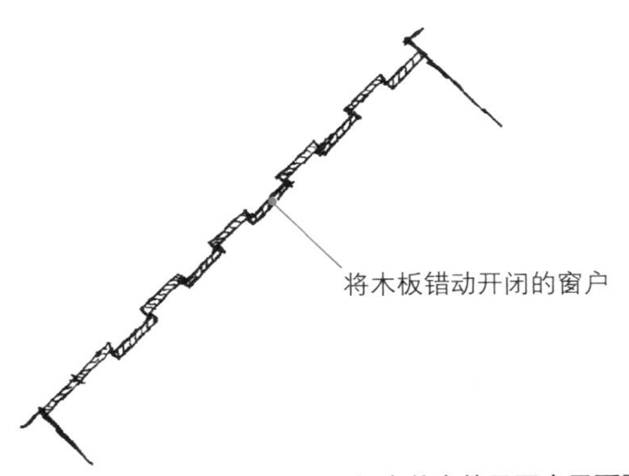

闭合状态的无双窗平面图

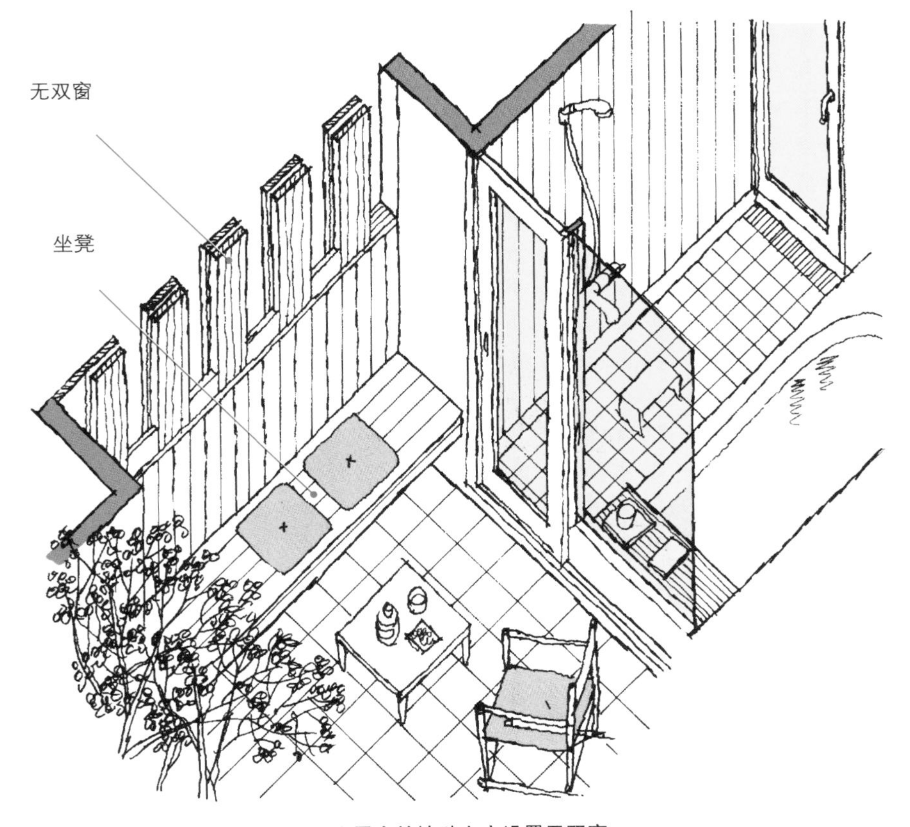

浴室露台的墙壁上方设置无双窗

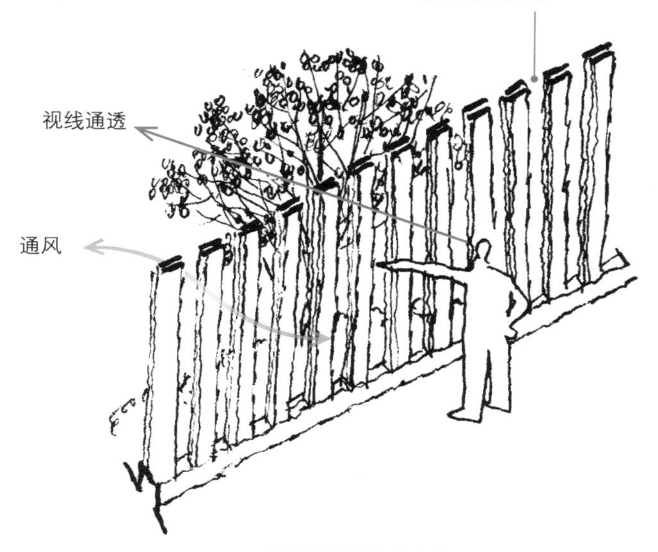

无双墙开启时的状态

无双墙闭合时的状态

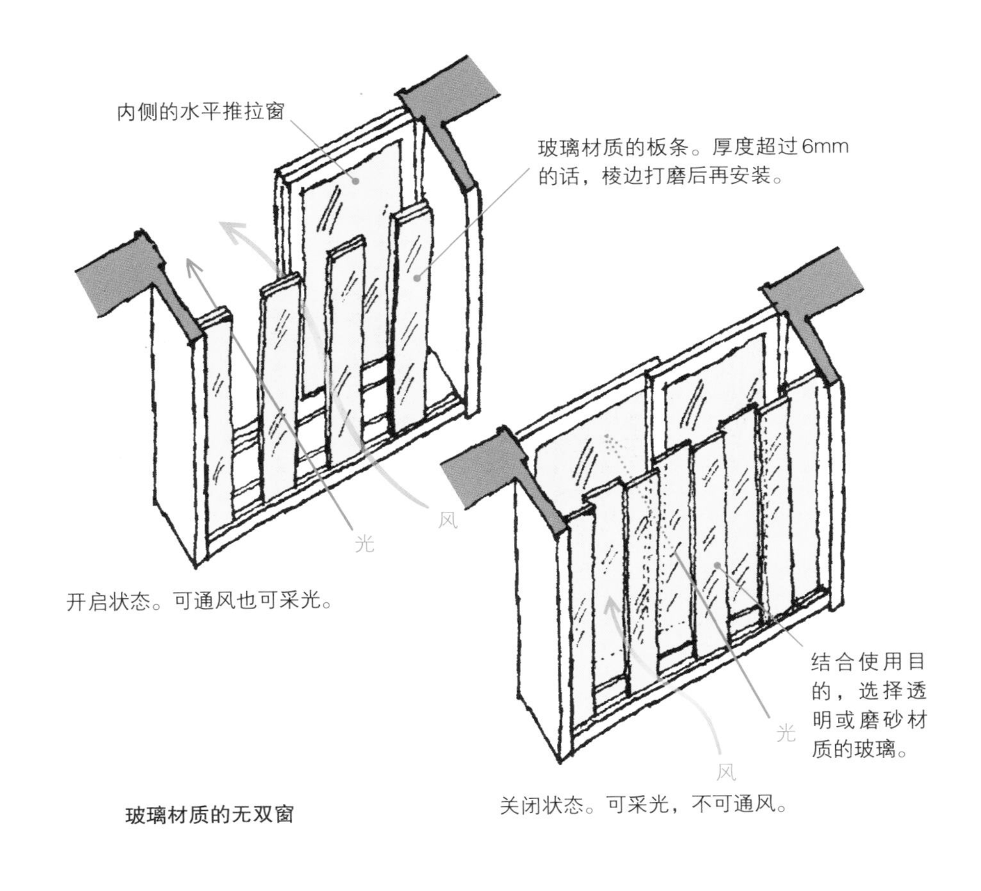

玻璃材质的无双窗

在外侧设置玻璃材质的无双窗

可以巧妙运用无双窗的特点，将其设计在现代住宅窗户的外侧。上图的纵向板条采用的是现代玻璃材质，可以改善原本木板条仅能满足一半采光量的缺点。水平推拉窗难以解决防盗问题，倘若在其外侧安装普通金属防盗窗，容易产生一种监狱牢笼的感觉，换成无双窗的话，情况就完全不同了。

19

人来人往的绿植屏风

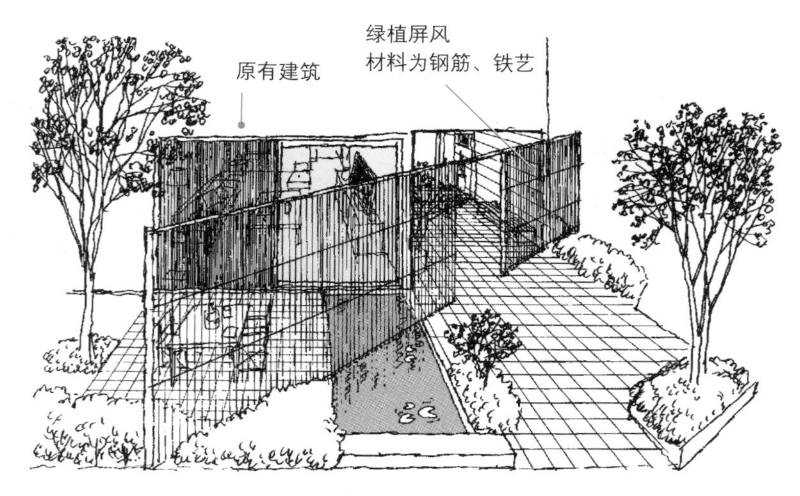

拥有绿植屏风的住宅外观

在考虑如何处理住宅与隔壁用地、道路的界限时，通常的解决方法是建造围墙。围墙的确可以成为阻挡外部环境的视线，避免不轨人士入室行窃的一般解决之道，但从维护街区景观、营造优美居住环境的角度来看，将住宅的窗户用到分界处，那么整体空间氛围将大大改善。

完完全全遮挡从外界来的视线将会把居住社区的环境变得死气沉沉。任何人都不希望仅在家中可以自由放松，一旦向外迈出一步，居住环境瞬间变得危险。

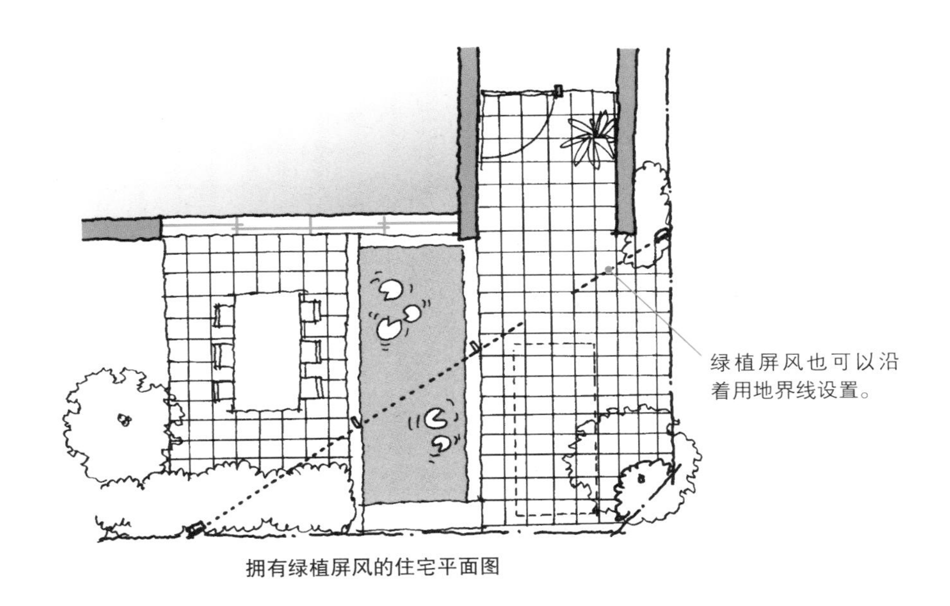

拥有绿植屏风的住宅平面图

在京都，可以欣赏到町家住宅美丽的格子窗户、直棂窗户。格子的间隔大小、窗棂的粗细程度决定了视线的通过程度。日文中被称为“糸屋格子”的窗棂间隔较宽，其目的是让人能够看清线的颜色，保证充分的透光量。而被称为“碳屋格子”的窗棂间距尤其细小，目的是防止碳粉飞扬影响隔壁。

我们可以继承并活用这些传统的美丽窗户类型，利用钢筋、铁艺等材料进行重组，营造少量视线可以穿透的绿植屏风。

家中的隐私可以依靠窗户的遮帘或百叶进行调整。与其采用完全封闭的措施，还不如考虑适当暴露一些局部空间，让行窃者望而生畏、难以下手。

绿色外墙上种植爬藤植物的案例

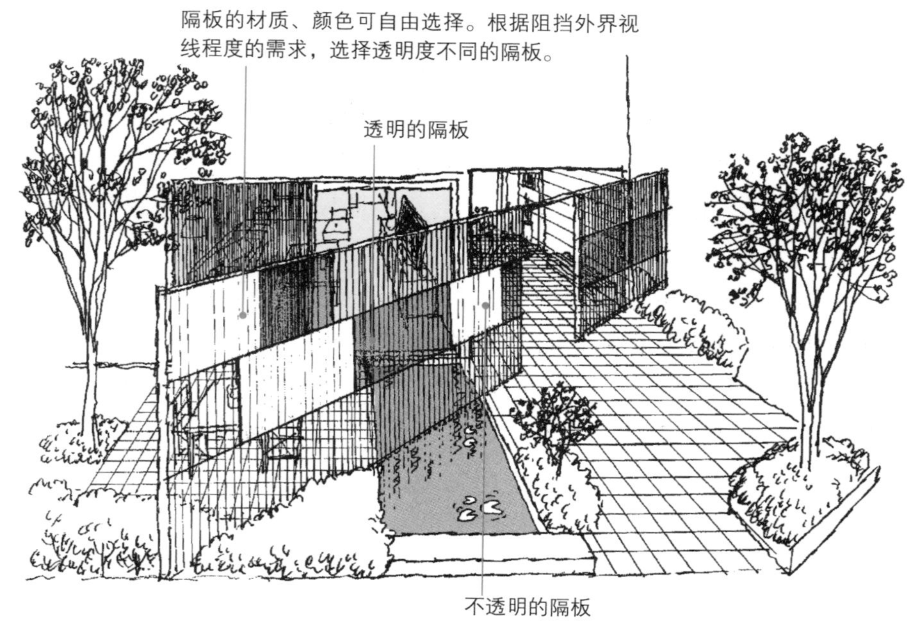

外墙设置不同类型隔板的案例

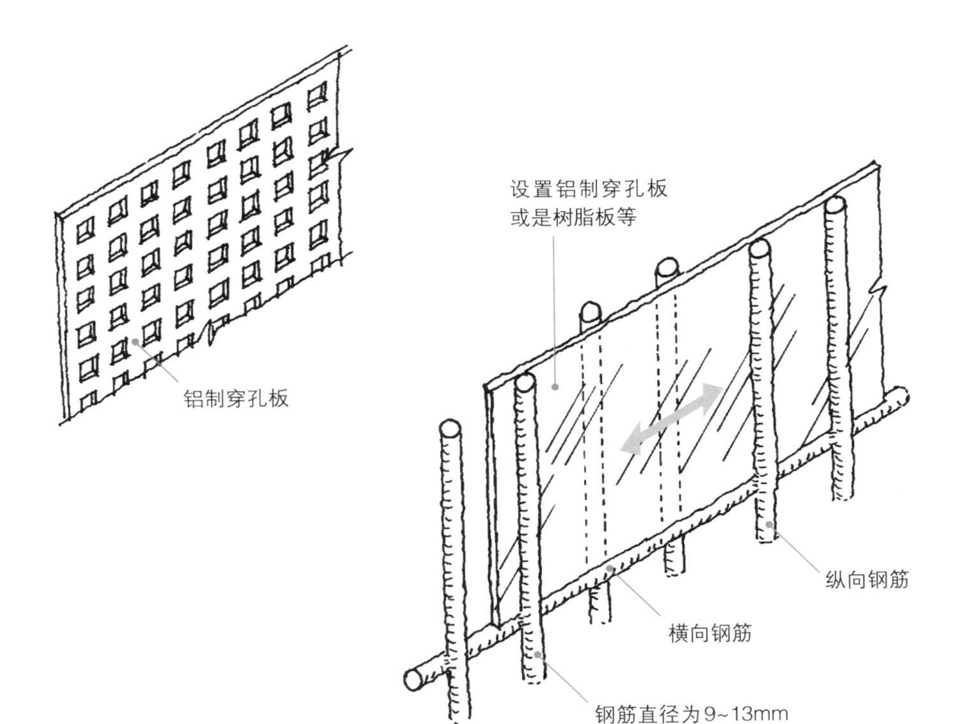

绿植屏风犹如有窗的墙壁，既能够阻断一些外界视线，也可以保证一定的通风效果。通过种植不同的花草种类，住宅的风景也可以随着四季的变换变得多姿多彩。

另外，根据窗洞的大小变化，屏风的材质也可以采用铝制穿孔板或是树脂板，并适当调整其大小，围墙的设计感也会因此有所改变。

此处的案例仅用了一面围墙，并没有完全保障家中的私密性及其安全性。钢筋材质的椽条作为围墙保护了住宅的安全，围墙表面的窗洞通过设置遮帘、百叶确保了家中的隐私。

如此设计，使得住宅前来往的行人们可以欣赏开放的住宅庭院中生机勃勃的花草。

20

活用自然环境的节能设计

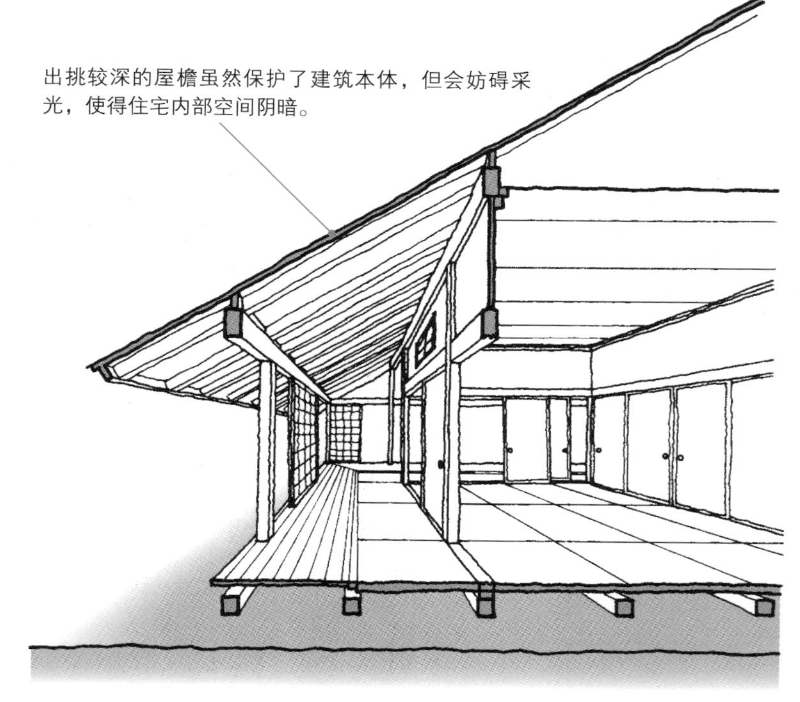

拥有出挑较深屋檐的日本传统民居

传统的日本民居中，出挑较深的屋檐运用广泛。它的优点在于可以遮风避雨，从而保障住宅建筑的长久耐用，但也因此阻碍了光线的照射，使得住宅内部空间昏暗异常。此时，倘若将屋檐顶部开设天窗，不仅能改善采光问题，也能为调节室内温度起到良好的作用，这种利用光、风的节能设计不应该推崇和提倡吗？

气温较高的季节通过开合窗户控制通风量。反之，冬季时，关闭窗户进行蓄热。在廊下设置的阳光房是室内与室外空间的过渡地带，在窗户前方种植落叶树木，夏季便可以为阳光房遮荫。

能够积极利用周边自然环境的空间总会令人心情舒适、愉悦、放松。

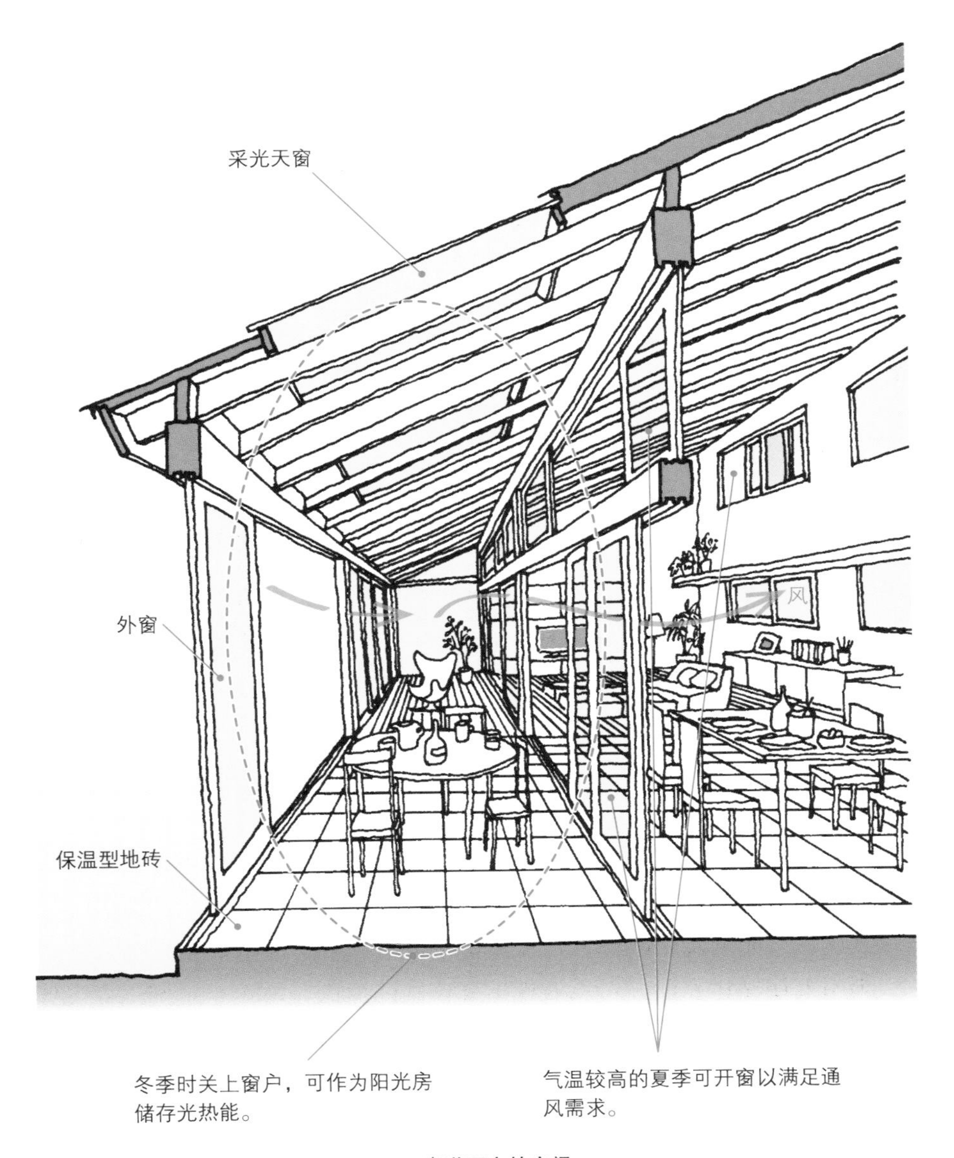

廊道下方的空间

21

门窗洞与空间感受

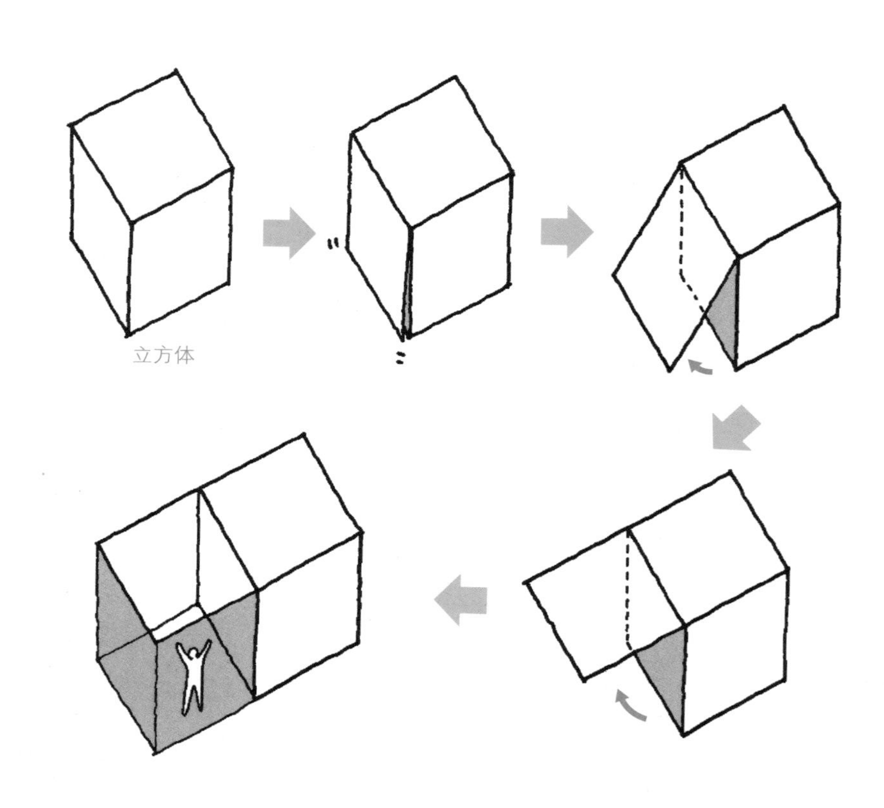

分离立方体的一个面，将其错开、向上打开又或向下推倒，尝试将立方体变化出各种各样的形态吧。

其次，大胆变化它的体量，可以是错开也可以是切割等。

利用上述操作方法，可以表现出立体式的窗洞，甚至是空间。立方体的一个面向上打开后，将形成屋檐形态，其下方便诞生出空间；若向下推倒后，将形成露台。

立方体面的变化而产生的窗洞有助于空间的通风和采光，也会给人带来丰富的建筑空间感受。

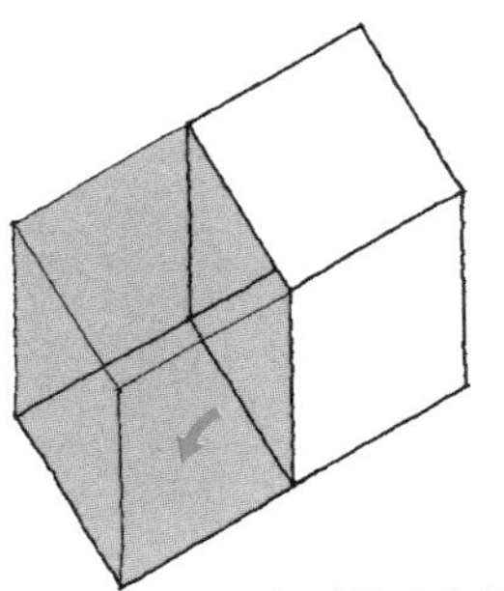
下沉式地面空间

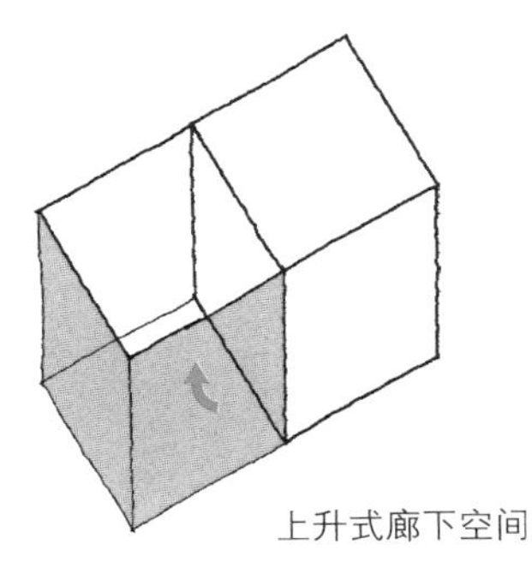
上升式廊下空间

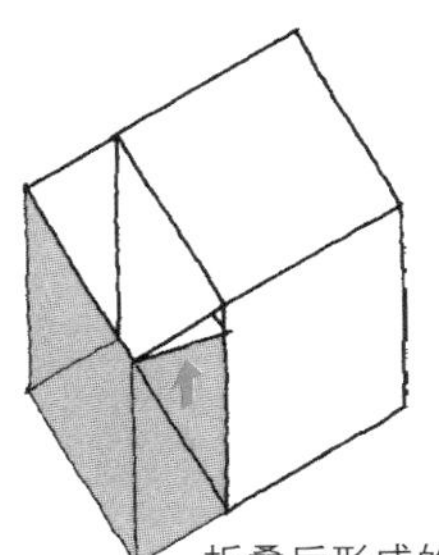
折叠后形成的廊下空间

上下两部分同时展开后
形成的廊下和地面空间

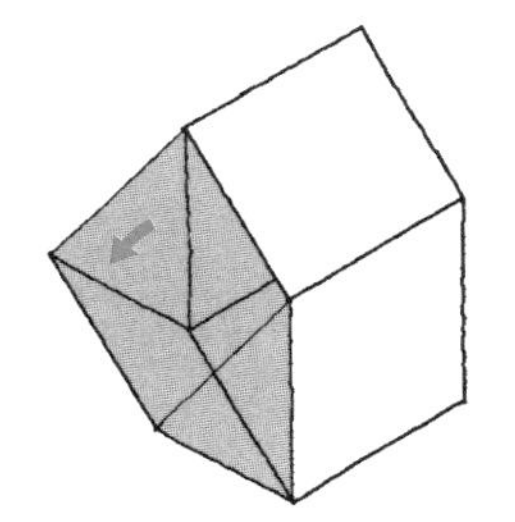
45°斜墙与窗洞

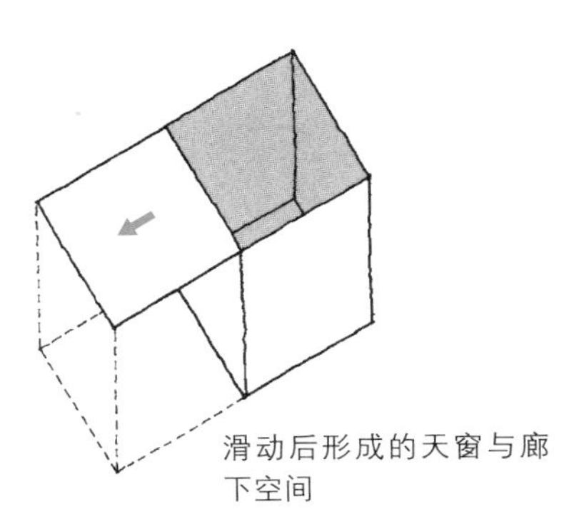
滑动后形成的天窗与廊
下空间

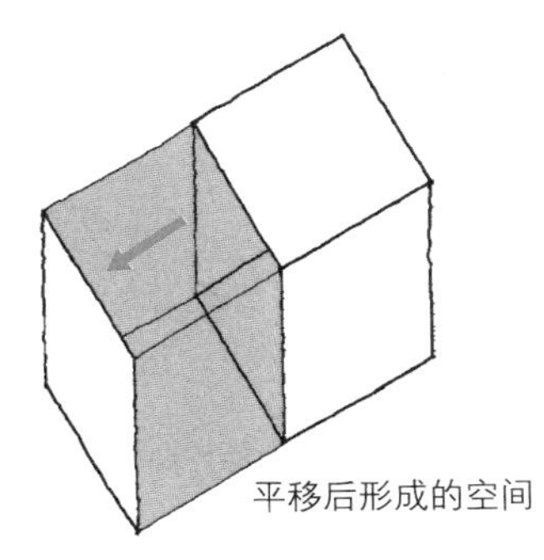
平移后形成的空间

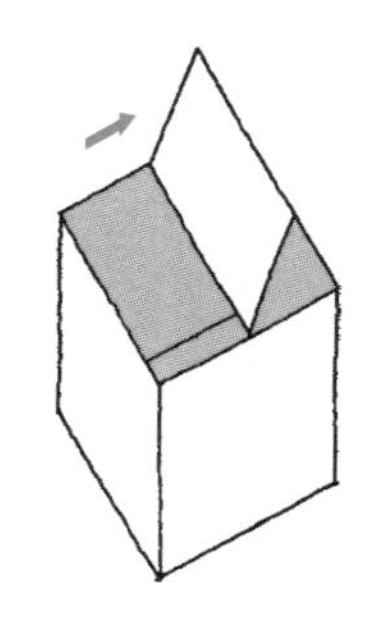
横向折叠后形生的空间

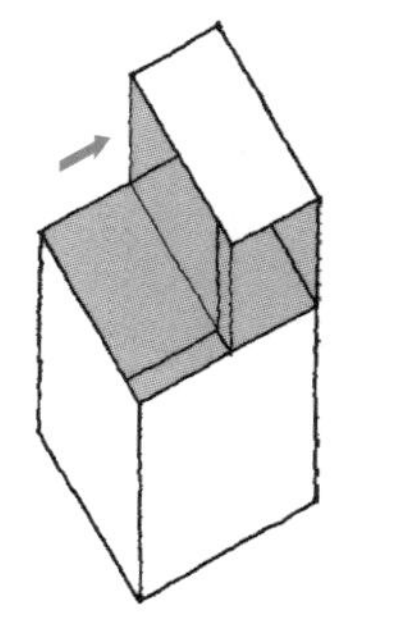
折叠抬升后形成的空间

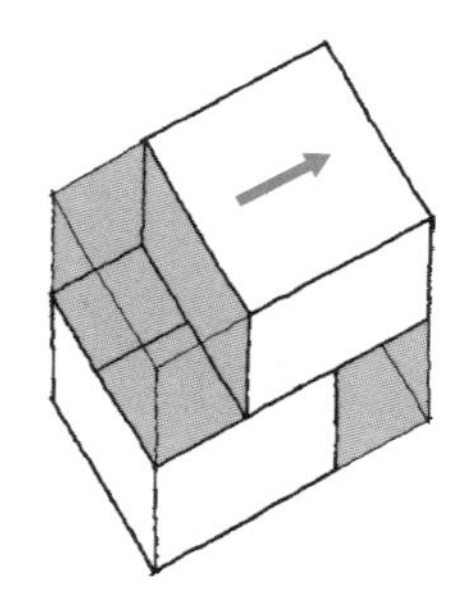
横向分割错位后形成的空间

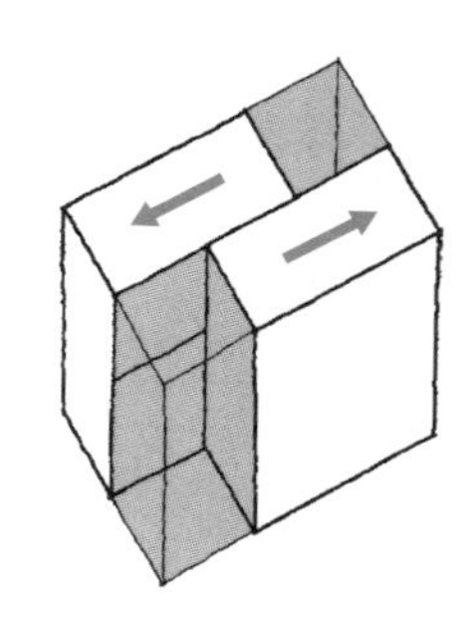
纵向分割错位后形成的空间

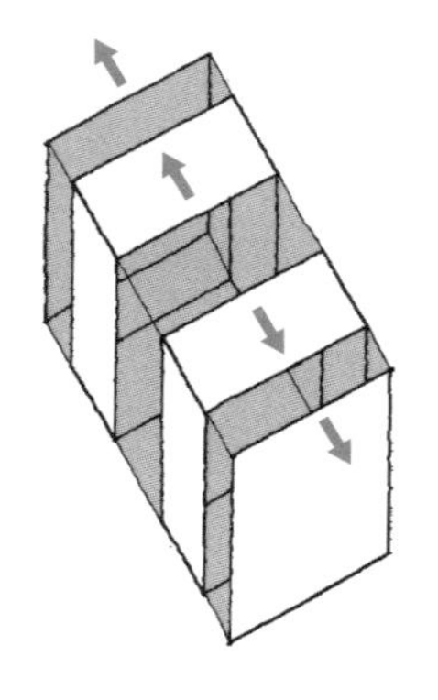
体块平移后形成的空间

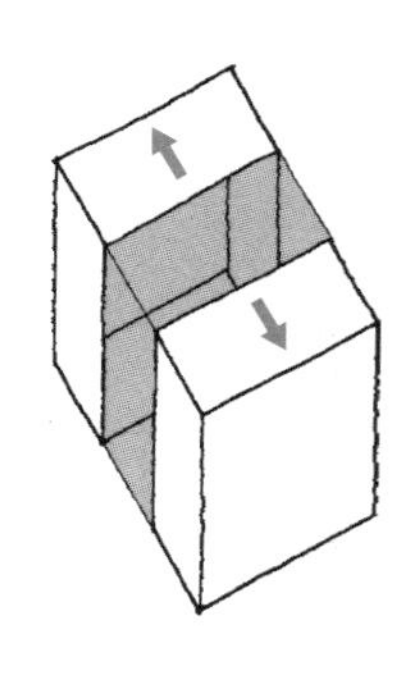
面域体块共同平移后形成的空间

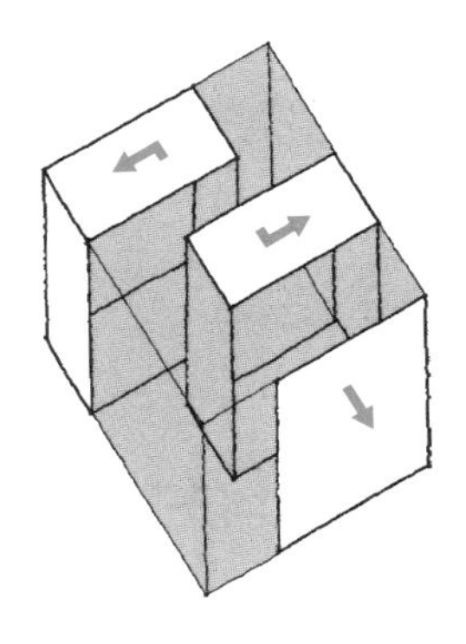

体块平移并错位后形成的空间

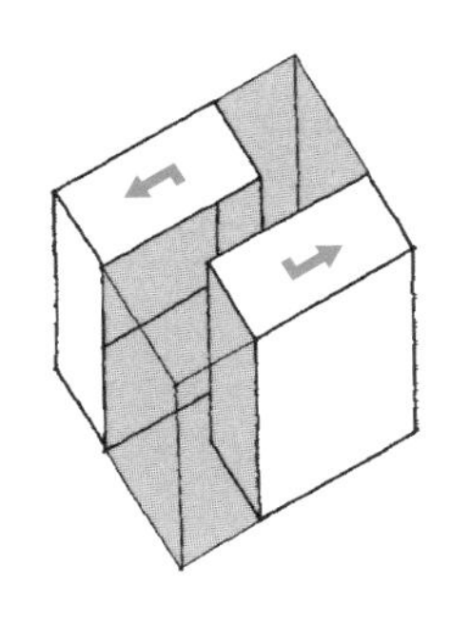

面与体块共同平移并错位后形成的空间

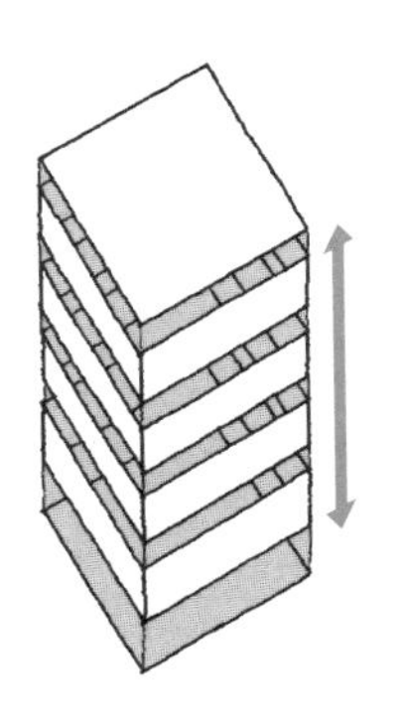

体块纵向移动后形成的空间

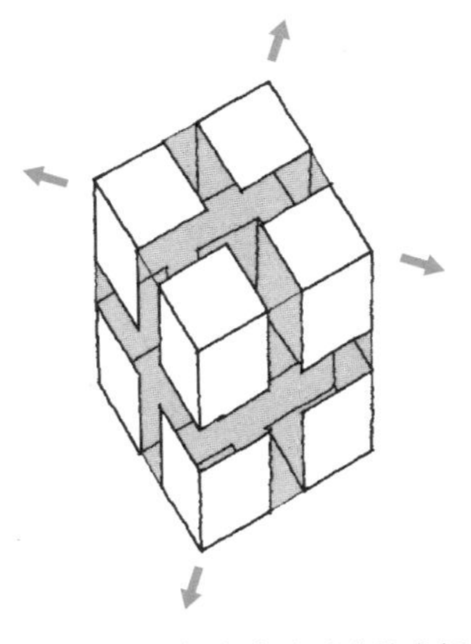

体块向四方移动后形成的空间

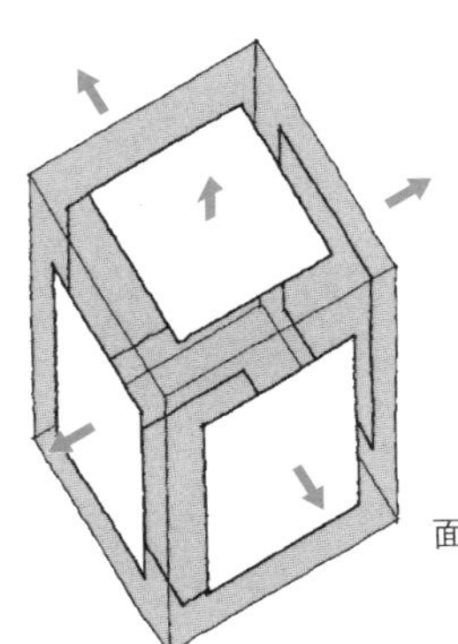

面向四方移动后形成的空间

22 守护私密的天井住宅

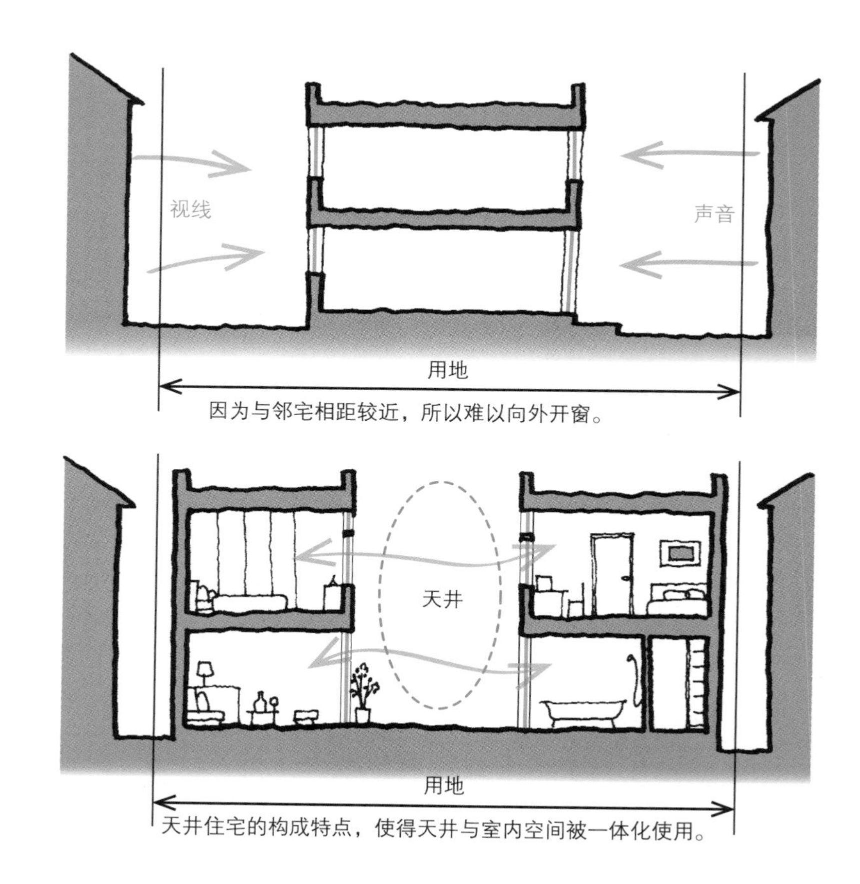

为了满足采光、通风、观景的需要，窗户一般会朝外推开。

但是多数居住社区内，邻宅之间的距离非常近，倘若开窗的话，会产生相互对看的尴尬局面。虽然开设了窗户，却要全天紧闭窗帘，这样做实在太可惜了。

因此在此介绍一种叫作“天井住宅”的形式。天井住宅存在于欧洲和京都町家等地区，具体是将建筑外墙沿着用地的外围建造，用建筑空间围合出天井（中庭、patio）的居住形式。将窗洞尺寸尽管放大，尽情享受风与光吧！扩大窗洞尺寸也不用担心会被邻居看到，天井与室内一体化是天井住宅的魅力所在。隔壁建筑再改建也好，周围环境发生变化也好，都不会对天井住宅产生严重的影响。

因是围合而成的天井住宅，所以无需顾虑外界视线，可以设置大面积的门窗。

天井为内向私密性空间，所以不必担心被窥视，尽可能扩大窗洞尺寸，以增加室内的明亮度。

尽量减少起居室与天井的地面高差，以增强室内外空间的一体化氛围。

面朝天井布局的起居室、餐厅、厨房

23 活用结构部件的帘幕

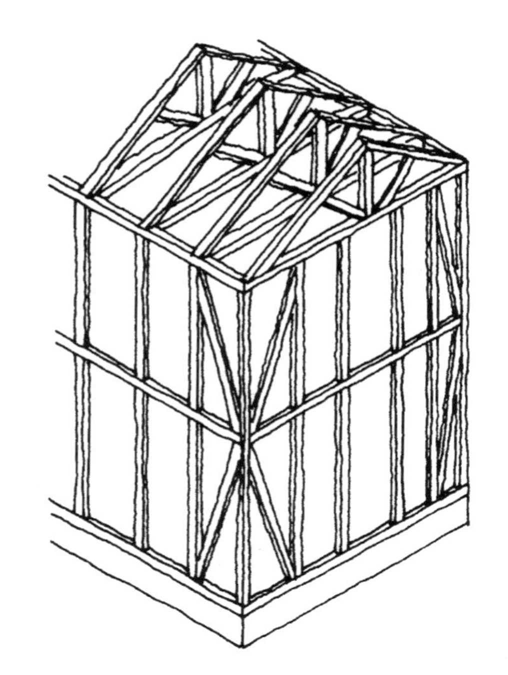
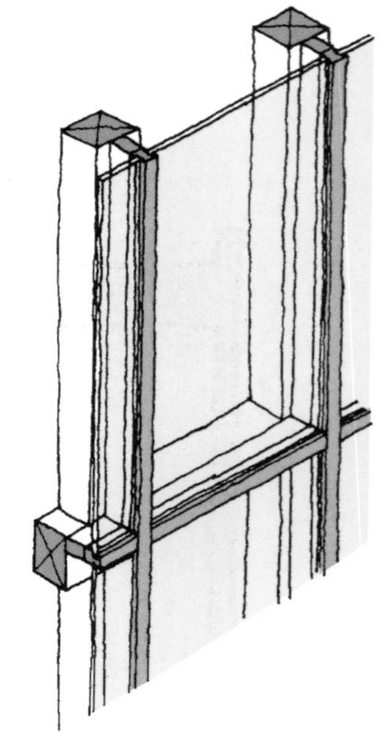

木结构

多数住宅建造时会将柱子、梁、钢筋等结构部件隐藏，再使用合板构筑成完整的墙体。窗户尺度过小、墙体过多的住宅会让人产生寒酸的印象。因此，住宅哪怕仅改变一点点，也要让空间更为舒适。

这时候，推荐在一部分结构部件上使用帘幕。结合挑空、楼梯等结构，进一步加强空间的艺术美感。如果没有挑空空间，楼层上下之间缺乏“沟通”，会让空间显得狭窄。倘若根据屋顶形状，将顶棚板设置成坡面的话，可以进一步营造出空间的开放感。使用了梁、柱等构造的木结构富有结构的美感，展露这些部件也是设计的魅力所在。

虽然有时用地较为狭小，但在设计窗户时稍稍投入点精力，将会有意想不到的收获。

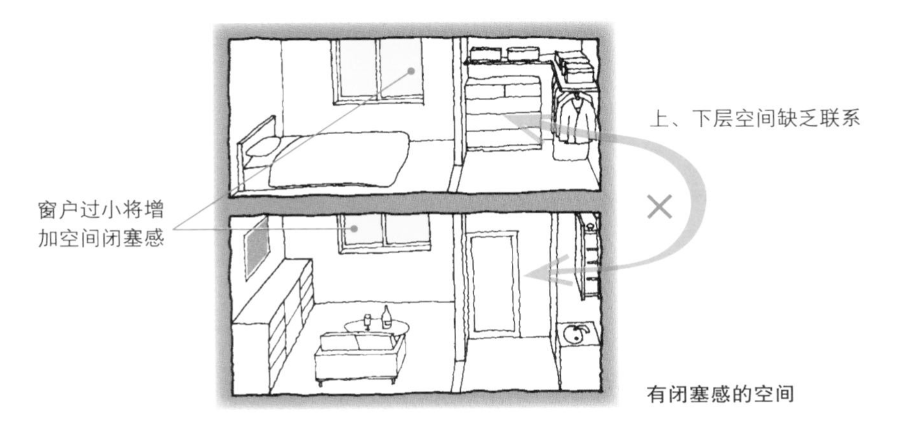

有闭塞感的空间

利用结构部件的帘幕

24

无须牺牲远眺功能的空间布局

为了节约空间，将卫生间、储藏室等都集中布置在同一区域。

顶棚板与家具之间设置间隙能够减少压迫感。

利用家具划分出交通流线，将其设计在靠窗一侧并保证通行尺度。

通道与起居室之间不用墙壁分隔能使空间显得更加宽敞。

如果推开窗户后，能够看到新绿、满山的红叶或是清爽的丘陵等自然风景，一定会让人心旷神怡。窗户设置越多，表明室内与室外环境的联系越紧密，但随之也带来家具和卫生间等附属空间应如何设置的问题。

通常情况下，住宅的墙壁过多时，家具一般会沿墙壁摆设。但如果周围设置了窗户，再采用这种布置方式，那便会丧失原本可以远眺美景的机会了，而且从室外朝室内见到的也都是家具的背面，这一定特别煞风景。在这种情况下，应留出窗边可以满足人远眺、通行的空间，将浴室、卫生间、储藏室等附属空间集中设置在住宅的某一区域内。如此操作，既能保证使用空间的相对统一，又能让人享受窗外自然的美景。

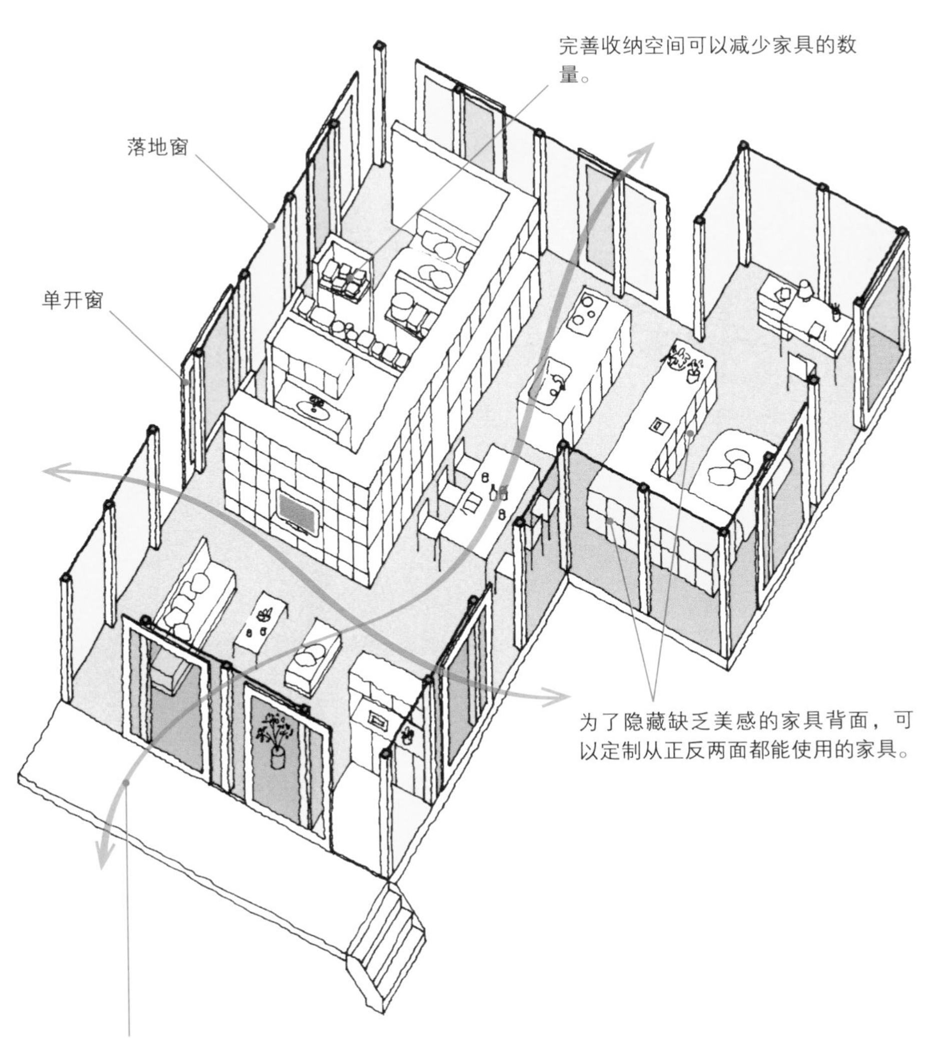

四周安装玻璃窗与四周都是墙壁的方案相比，除了可以让人感觉建筑内部空间较为开敞外，还能够使室内外空间呈现一体化的效果。

25

引入远景、自然风景的设计方法

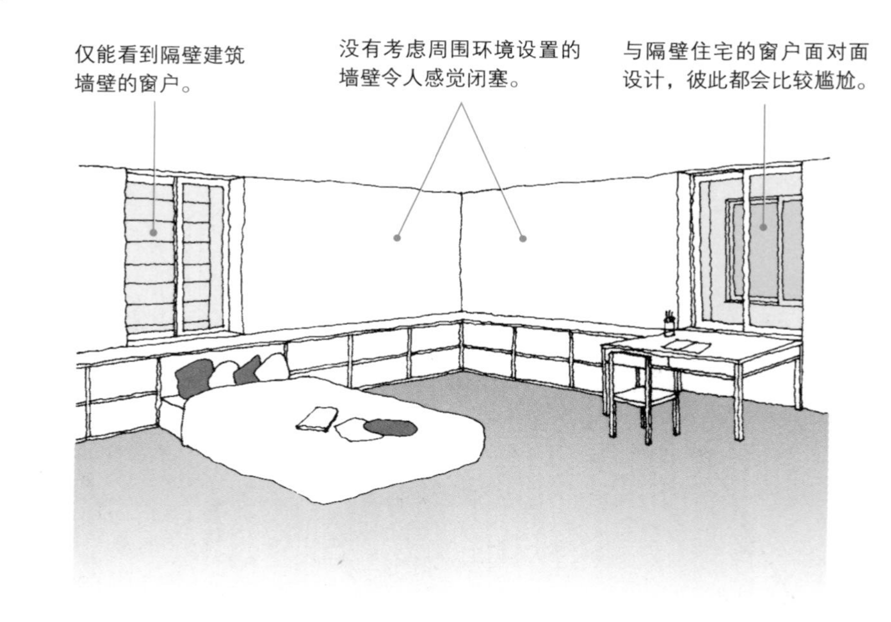

不考虑窗户的布局将会让人看到遗憾的景色

住宅设计中，场地与隔壁用地的关系及周边环境等因素尤为重要。忽略这些因素，建成的住宅难以让人获得归属感，当推开窗户，看到的却是隔壁住宅的外墙时，“我的家和房间”之类的美梦将会消失，如此实在是太可惜了。

因此，设计窗户的位置及面积大小时，建议调查一下用地周围的绿地、公园、隔壁住宅窗户的位置、日落的角度等内容。这些调查是为了将美景更好地引入室内，避免在不适当的方向设置窗户。

日本从古至今流传已久的借景是指将远处的自然风景通过窗户借引至住宅内。在窗户设置上多加考虑，可以使日常生活的点点滴滴变得更加生动、快乐。

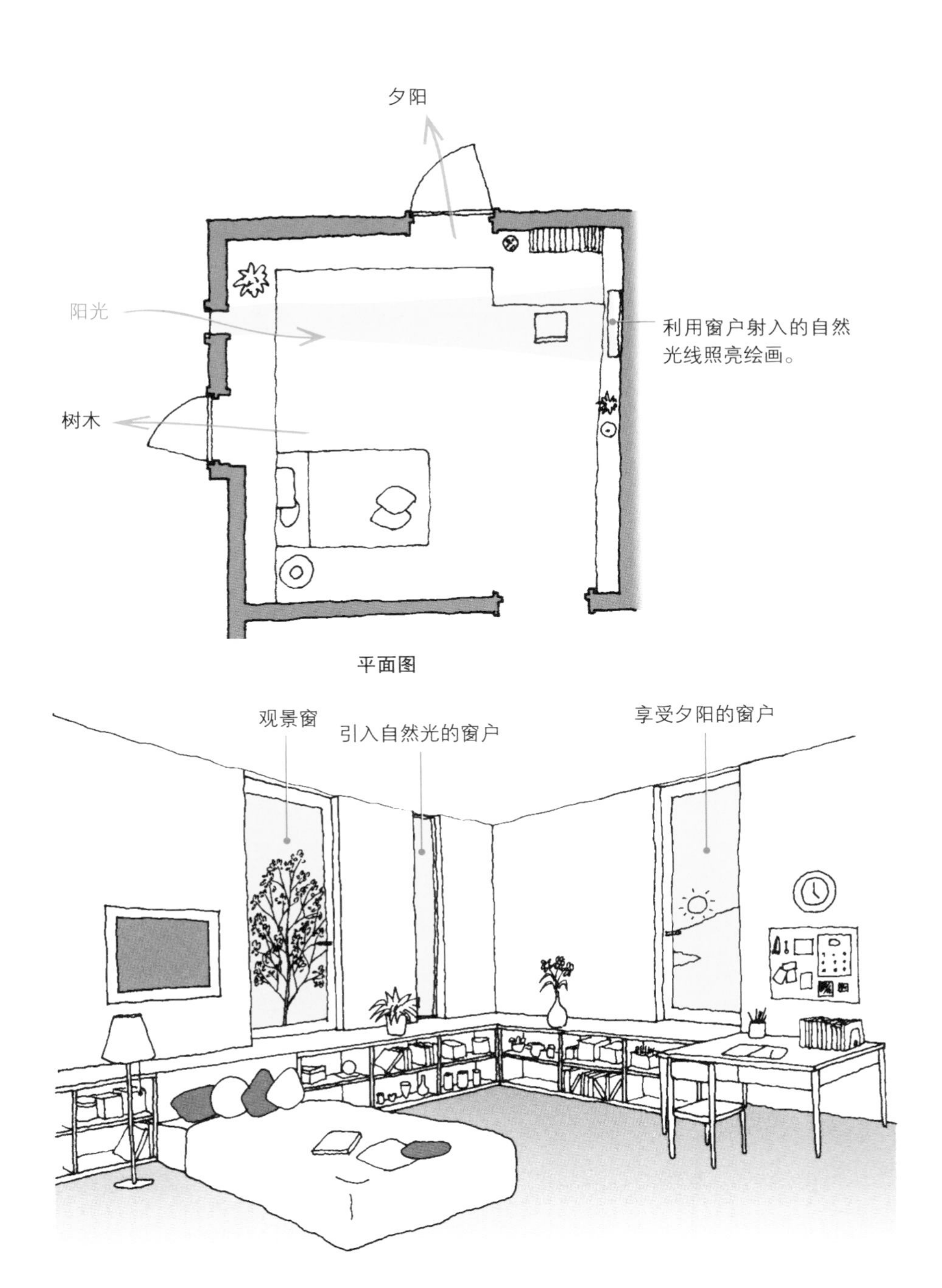

平面图

根据周围环境灵活布置窗户的位置

26 窗户作用的再设计

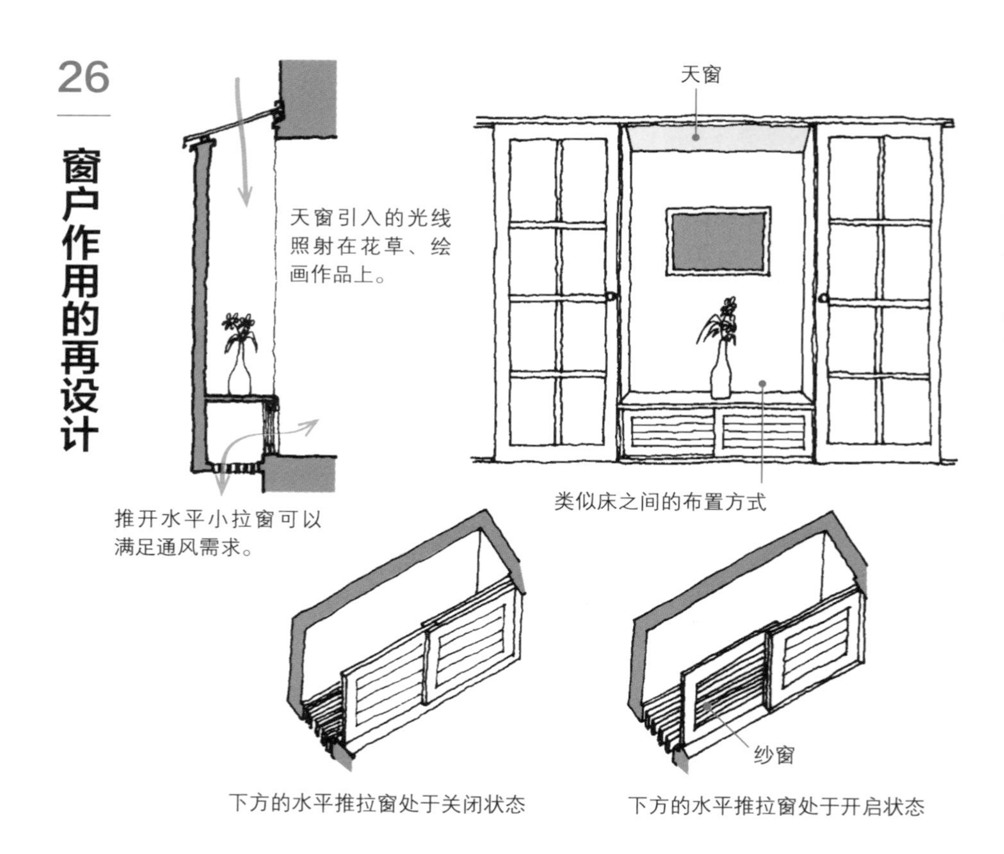

窗户因开闭方式、位置及形式的不同，会产生不同的采光、通风及观景效果，因此应根据窗户设置的目的来进行设计。如果以观景为目的，可以选择透明玻璃材质的窗户。选择无接缝、无窗框的一整块玻璃，效果会更好。若以通风为目的的话，可以安装推拉窗，以便调节窗洞大小。

为了提高窗户周围空间的利用率，可以在窗户下侧设置窗台，窗台既可以坐，也可以作为小桌使用。窗台下方空间还能储藏杂物，当然也可以将窗台活用为床。窗户顶部若再设置天窗，那么空间效果将更突出。总之，将窗户的作用和设置的目的结合考虑来设计的话，将实现多样的构成方式。

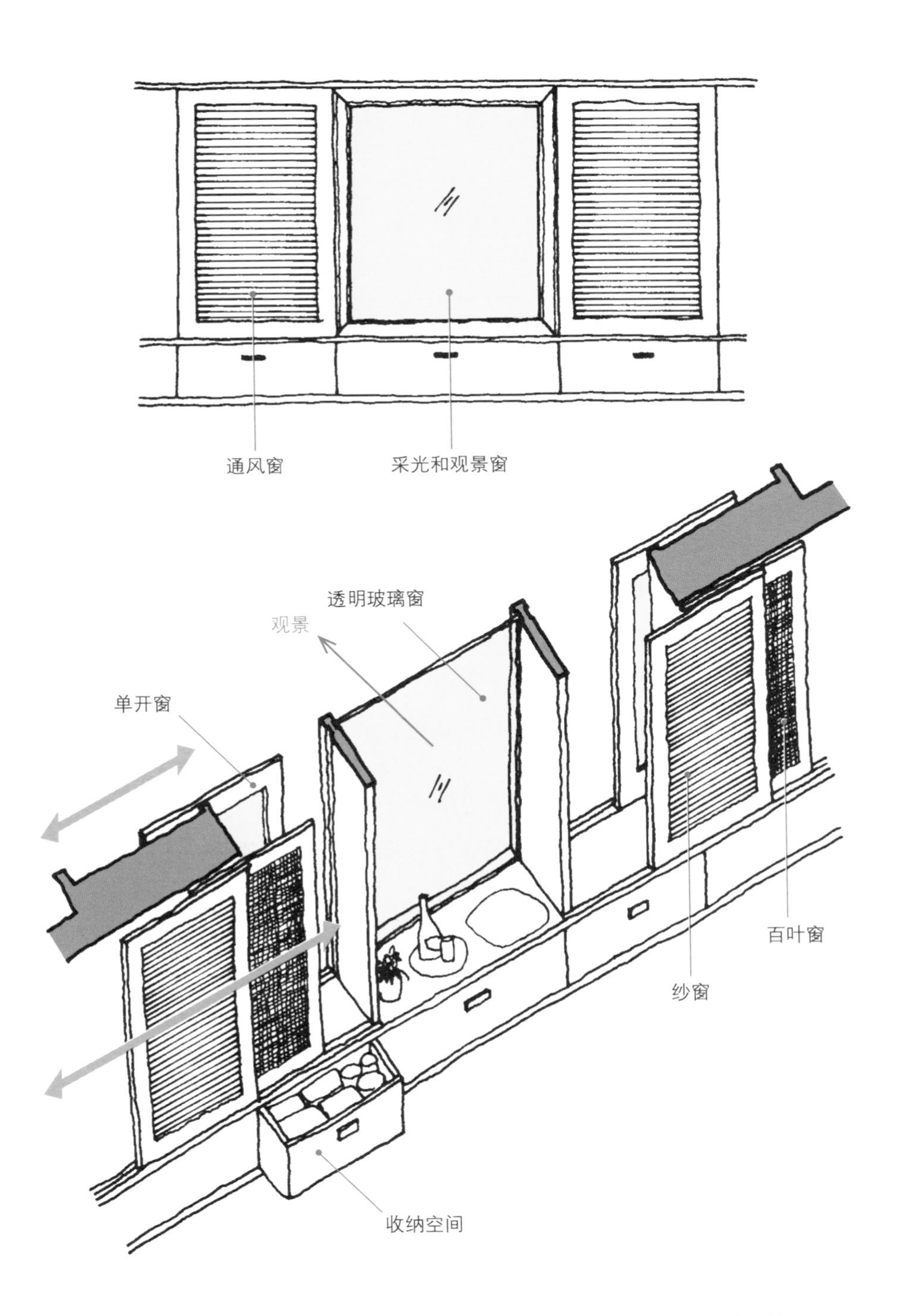
通风窗
采光和观景窗
透明玻璃窗
观景
单开窗
百叶窗
纱窗
收纳空间

27 灵活地开闭窗户

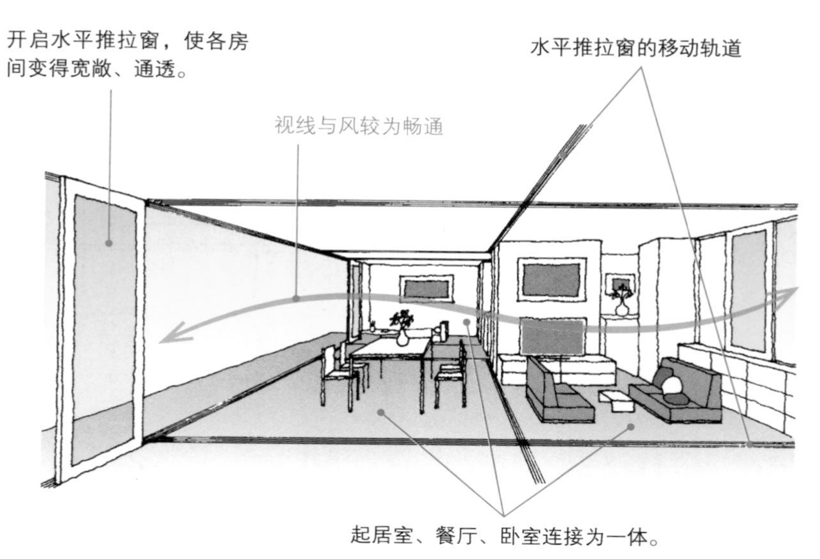

随着水平推拉窗的开闭状态而变化的空间

以前，婚庆丧祭等仪式都在日本传统民居空间内举行，空间的大小变化会通过开闭窗户（推拉窗）来实现，这是因为原本墙壁设置较少，建筑则是由柱子、梁等承重部件构筑而成的。

如今，空间与空间之间依靠墙壁进行划分，各个房间被分隔成独立空间，因此各个空间之间的联系不够紧密。

但是，随着家庭人口结构、生活方式的变化，窗户的设计也应该相应进行调整，以使空间更好地满足人们的需求。

当需要举办活动的大空间时，可以推开具有分隔作用的推拉窗；当需要小空间时，将其拉合上便可。根据用途不同，可随机应变地变换空间大小来适应各种各样的需要。

若去除房间中的隔断，使每个独立空间结合成一个完整的内部空间，可以满足婚丧节庆时容纳多人的空间需要。

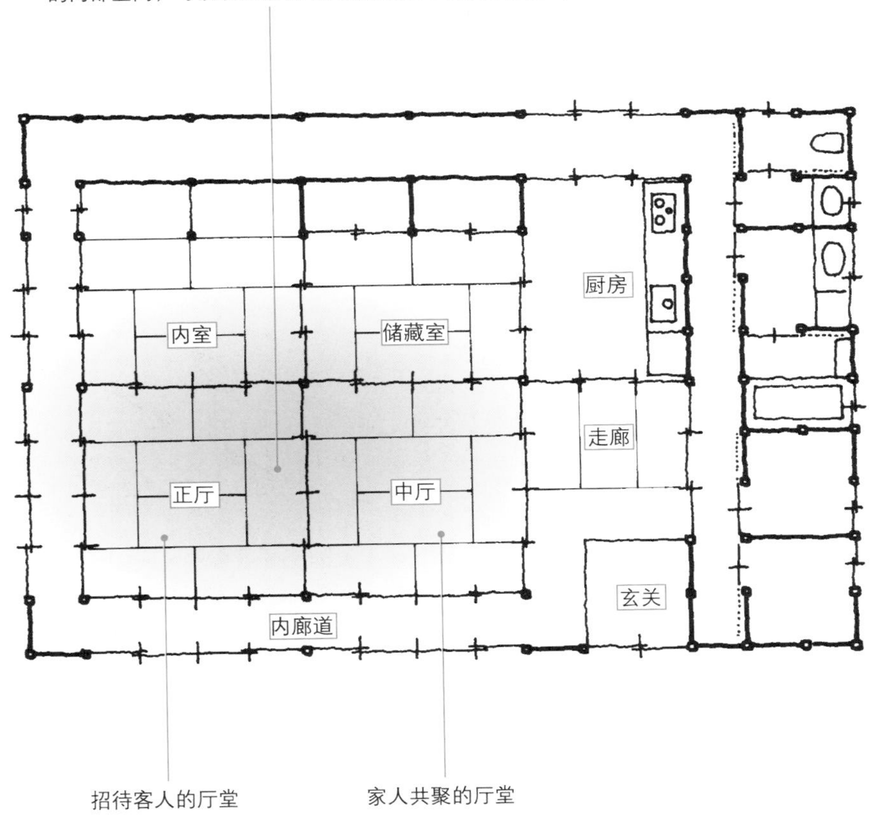

为了满足使用需求而改变的传统住宅

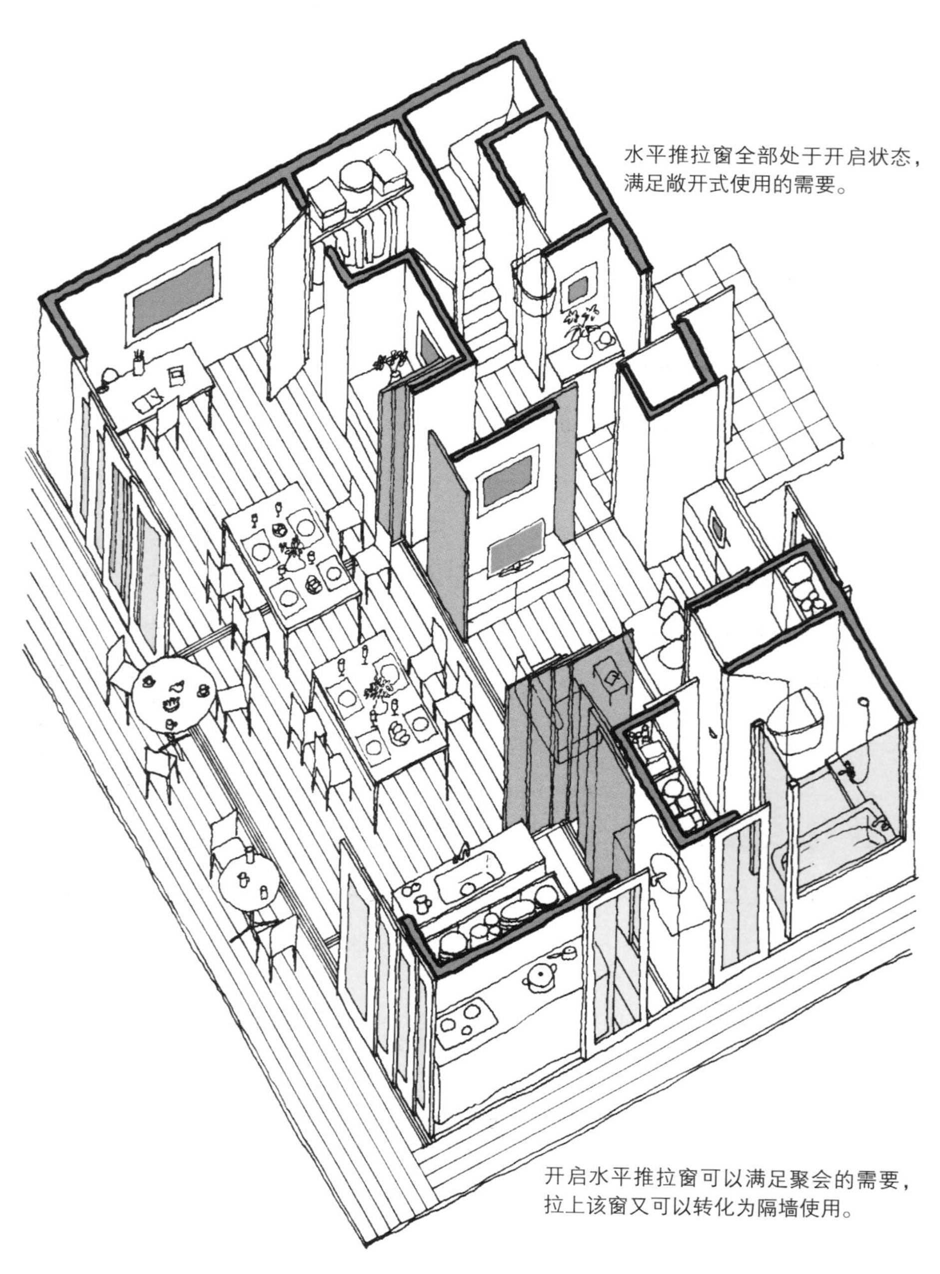

水平推拉窗开启时的状态

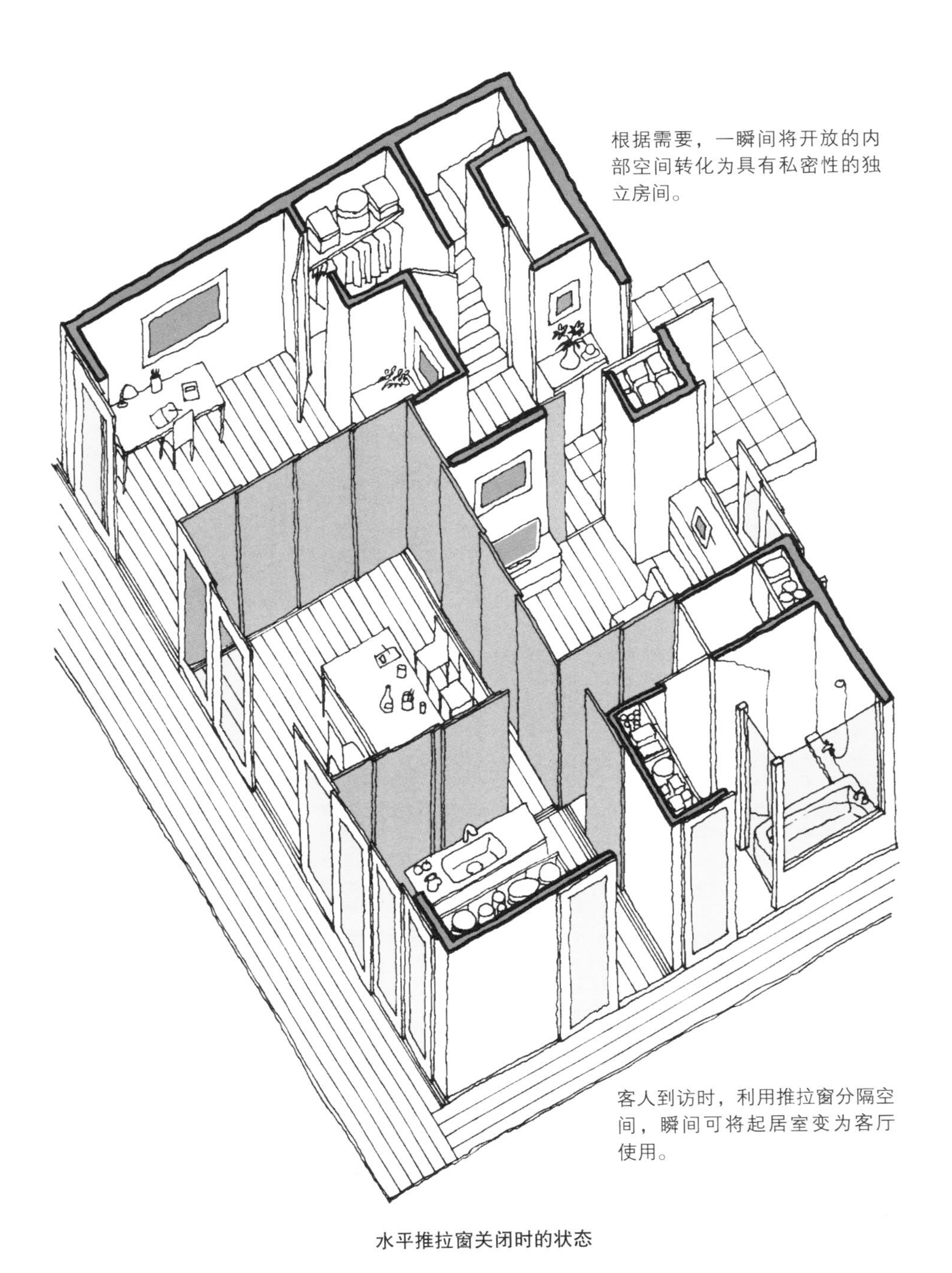

水平推拉窗关闭时的状态

28

不设窗框使窗户消失

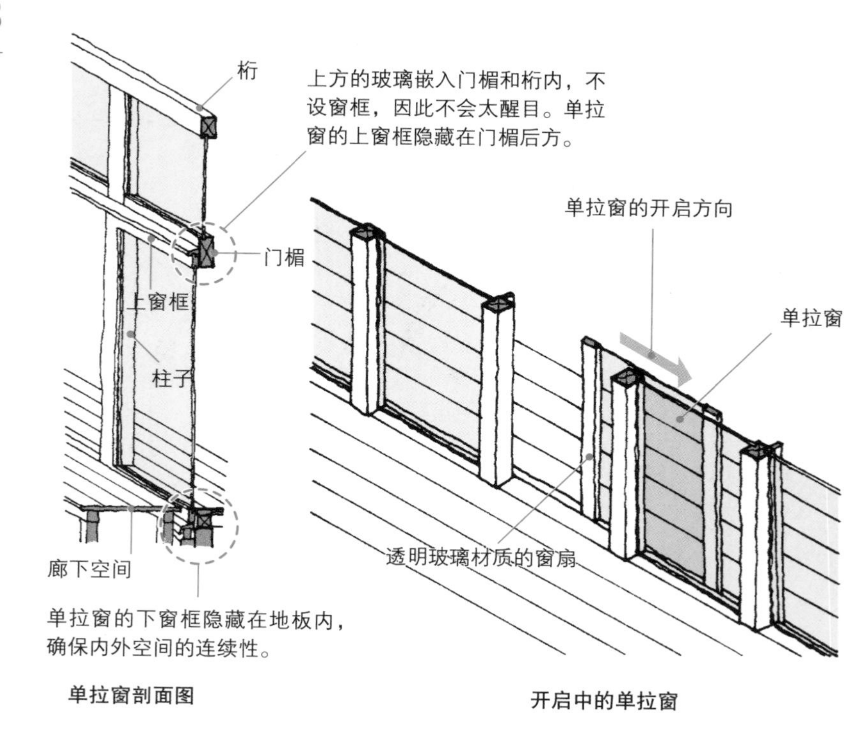

单拉窗剖面图　　**开启中的单拉窗**

为了清楚展现由柱子和梁承重的日本木结构建筑，设计中尽可能弱化窗户的存在感。如此设计，柱、梁和窗户便能够融为一体，成就空间的整体效果。

窗户的上、下窗框分别隐藏在门楣后侧和地板内，左、右窗框因柱子的关系，也不会过于醒目。再加上上方的透明玻璃窗，营造出简洁划一的空间质感。

由于弱化了窗框的存在感，所以整个空间主要展现了柱子、梁等结构部件，其效果犹如日本传统木结构住宅般精炼，既纯粹又具有强烈的开敞感。

这种设计方法同样适用于野外的别墅、庭院的设计，让人充分感受自然的魅力。分隔内外空间的部件的确是窗户本身，但如果窗户的存在感并不是那么强烈，那么内外的界限也会弱化，最终便能使室内与室外自然风景融为一体。

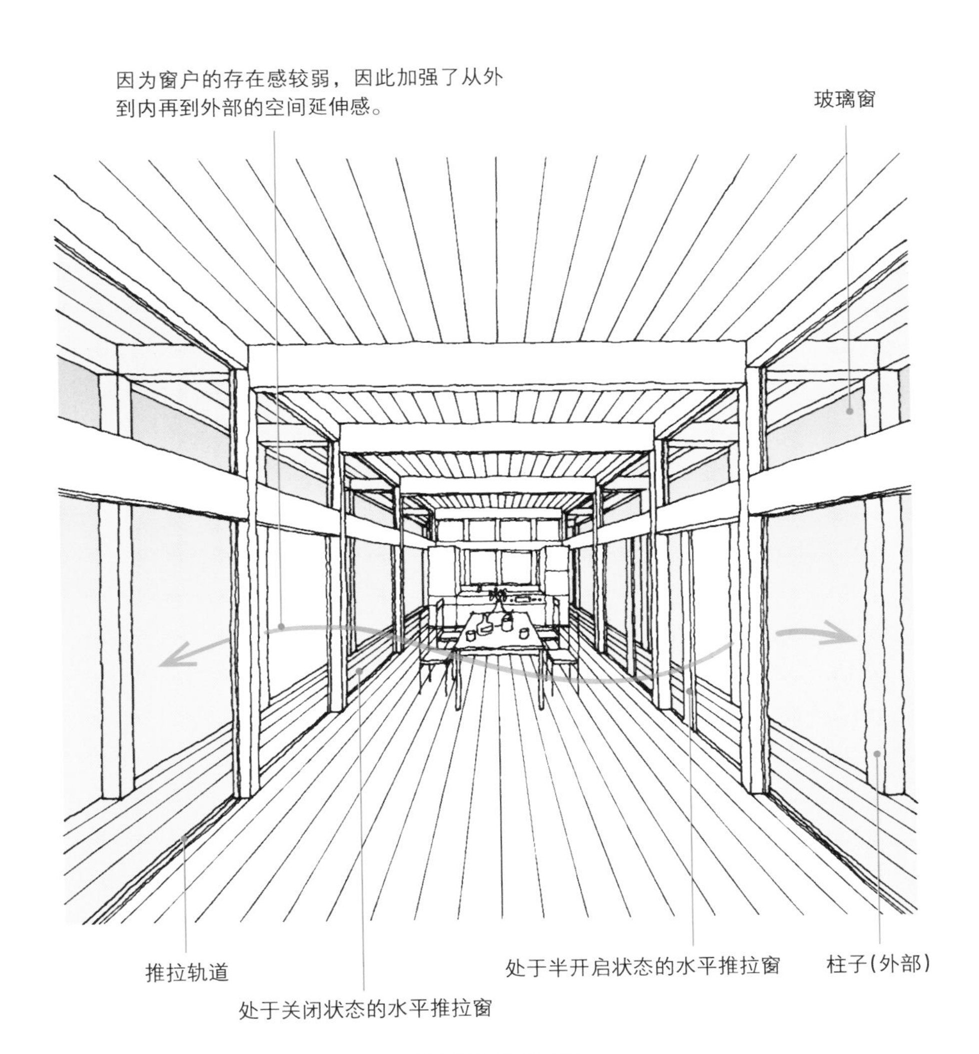
因为窗户的存在感较弱，因此加强了从外
到内再到外部的空间延伸感。
玻璃窗
推拉轨道
处于关闭状态的水平推拉窗
处于半开启状态的水平推拉窗
柱子(外部)

无窗框的开放空间

29 愉快地改变墙壁

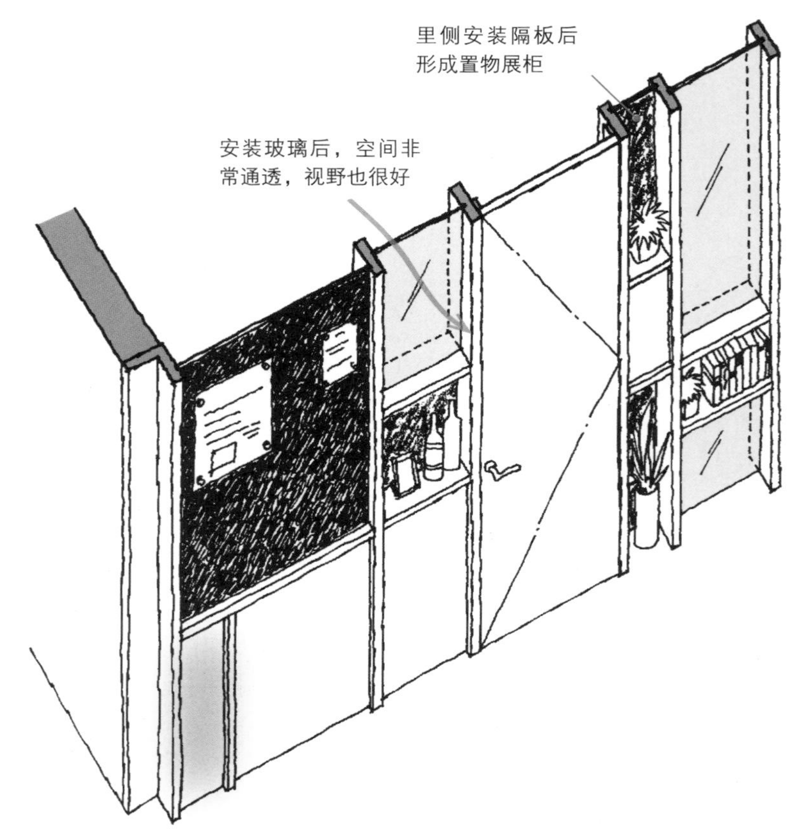

拥有多种使用功能的分隔墙

如果赋予分隔空间的墙壁多样化的功能，原本平淡无奇的墙壁将华丽变身为展示收藏品的多功能博古架。利用柱子作为垂直分隔框架，并设定合适的模数进行组合，再考虑具体使用功能，设定水平方向的隔板。

这些垂直、水平方向的框架隔板的尺寸可根据用途和位置进行调节和组合。例如，可以考虑在墙壁两侧展示收藏品，或是在一侧设置收纳空间，又或是在一侧放置涂鸦板等。

如上图中的案例所示，在墙面局部设置门、玻璃窗口，可以保证采光及视线的畅通。同时也可以根据喜好、用法，尝试采用不同的色彩搭配，从而设计出风格别致的隔墙。

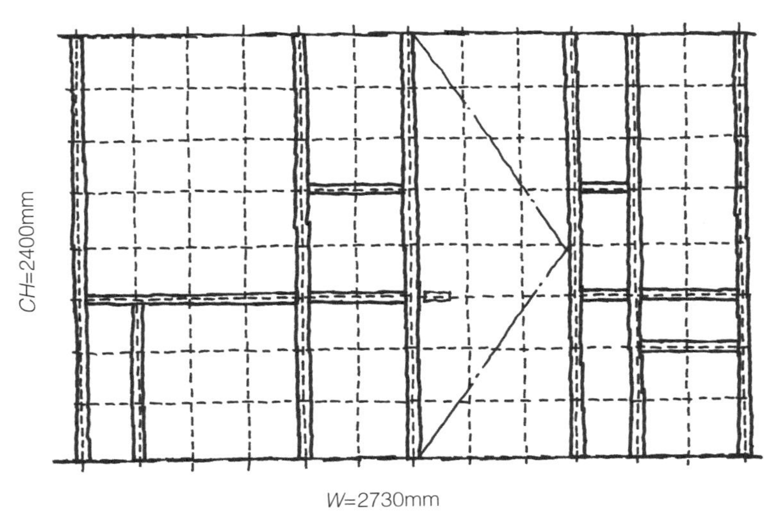

使用垂直框架（柱）与水平框架（隔板）进行分割

基本模数的设定

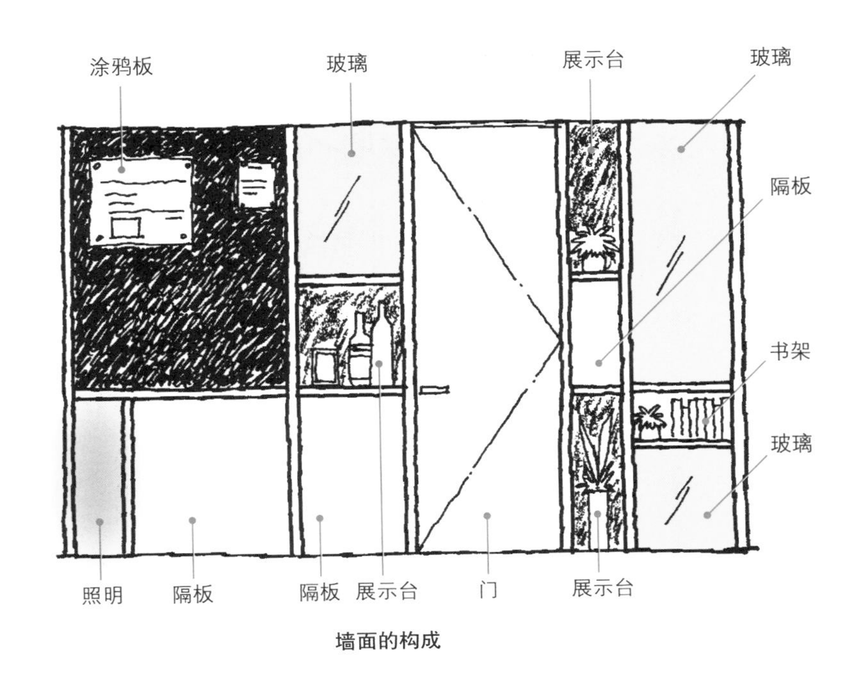

墙面的构成

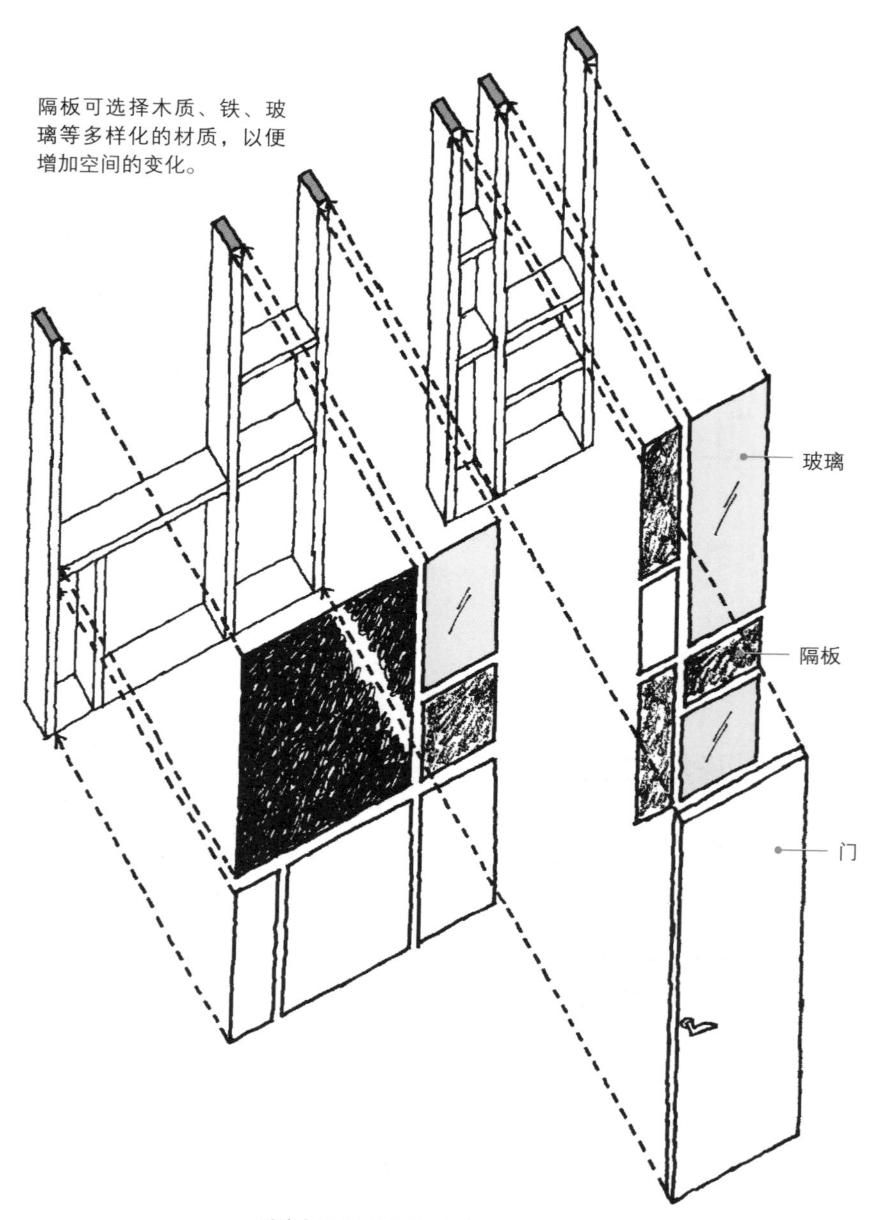

垂直与水平框架分割后形成的结构

框架中每个单元的尺寸变化丰富，可以演变出更丰富的室内空间，因为也不属于单纯的墙壁，所以这里可以成为一处有趣的交流、活动空间。

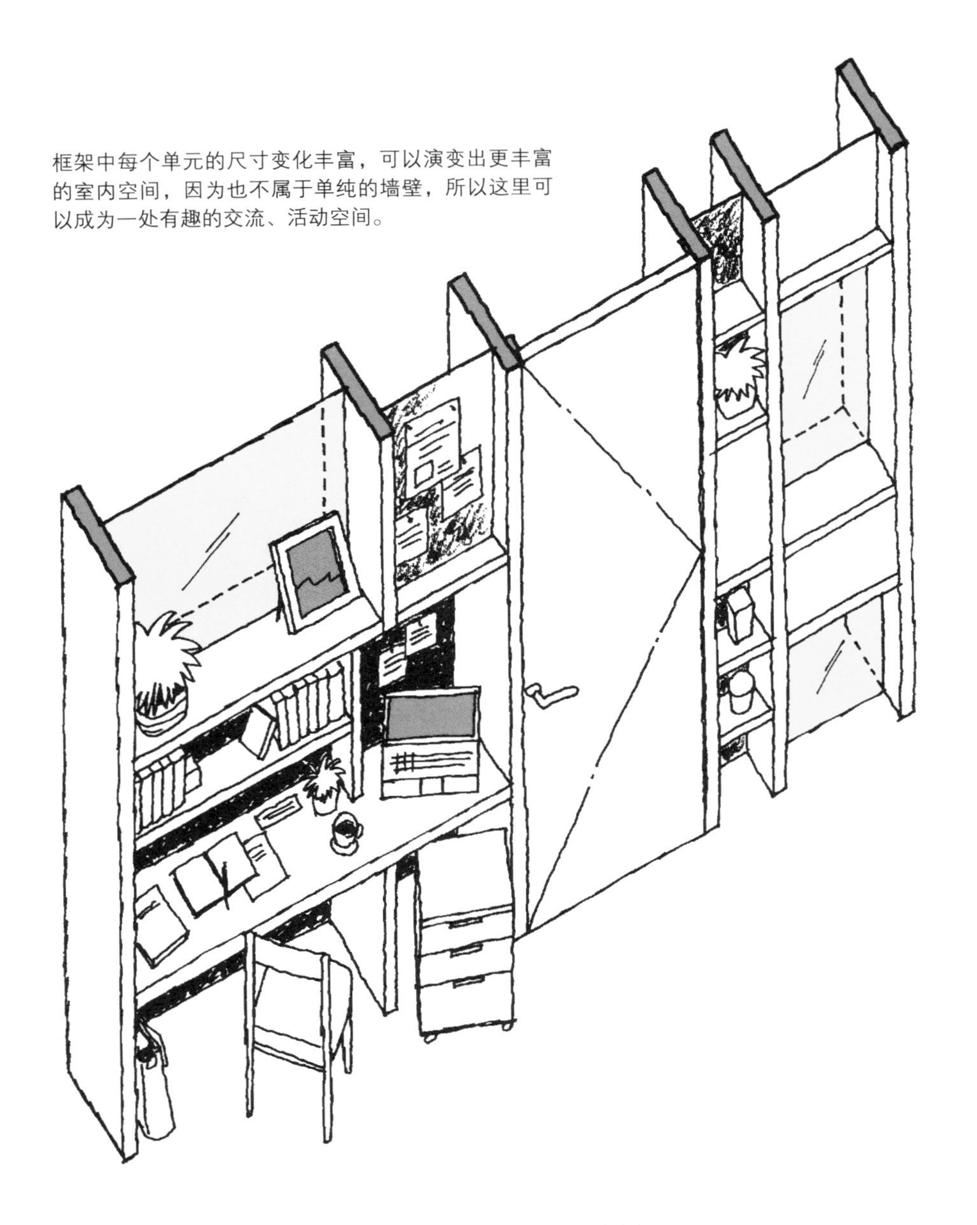

采用有一定深度的框架构成的空间

30

便于开闭的棂条状隔墙

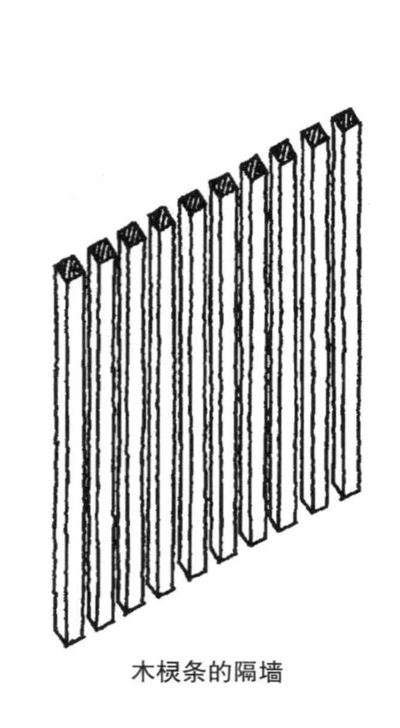

木棂条的隔墙

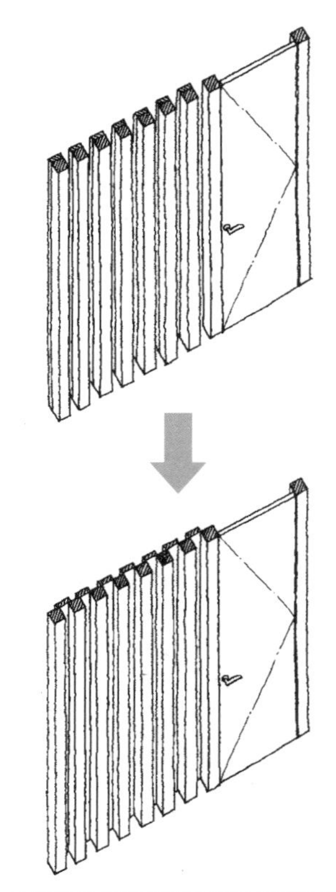

直棂窗与无双窗组合而成的隔墙

室内的隔墙可以采用直棂窗与无双窗组合的方式进行分隔。由于棂条之间存在间距，所以采光和通风不成问题。也可以在棂条组成的隔墙局部设置玻璃窗，加强采光效果。倘若在棂条组成的隔墙内侧安装无双窗，那么这面隔墙既能打开也能关闭。为了满足出入的需要，在其局部将安装门，当门处于关闭状态时，还能够确保一定的通风和采光，这岂不是一种很好的选择。

这种设计即便是房间与房间之间存在区隔，也能够自由控制室内的通风与采光量。因为棂条间存在间隔，局部又设置了小窗，在满足采光的同时，家人之间的交往与沟通也会变得频繁，这也许能够为营造温暖的家庭气氛做出一些贡献。

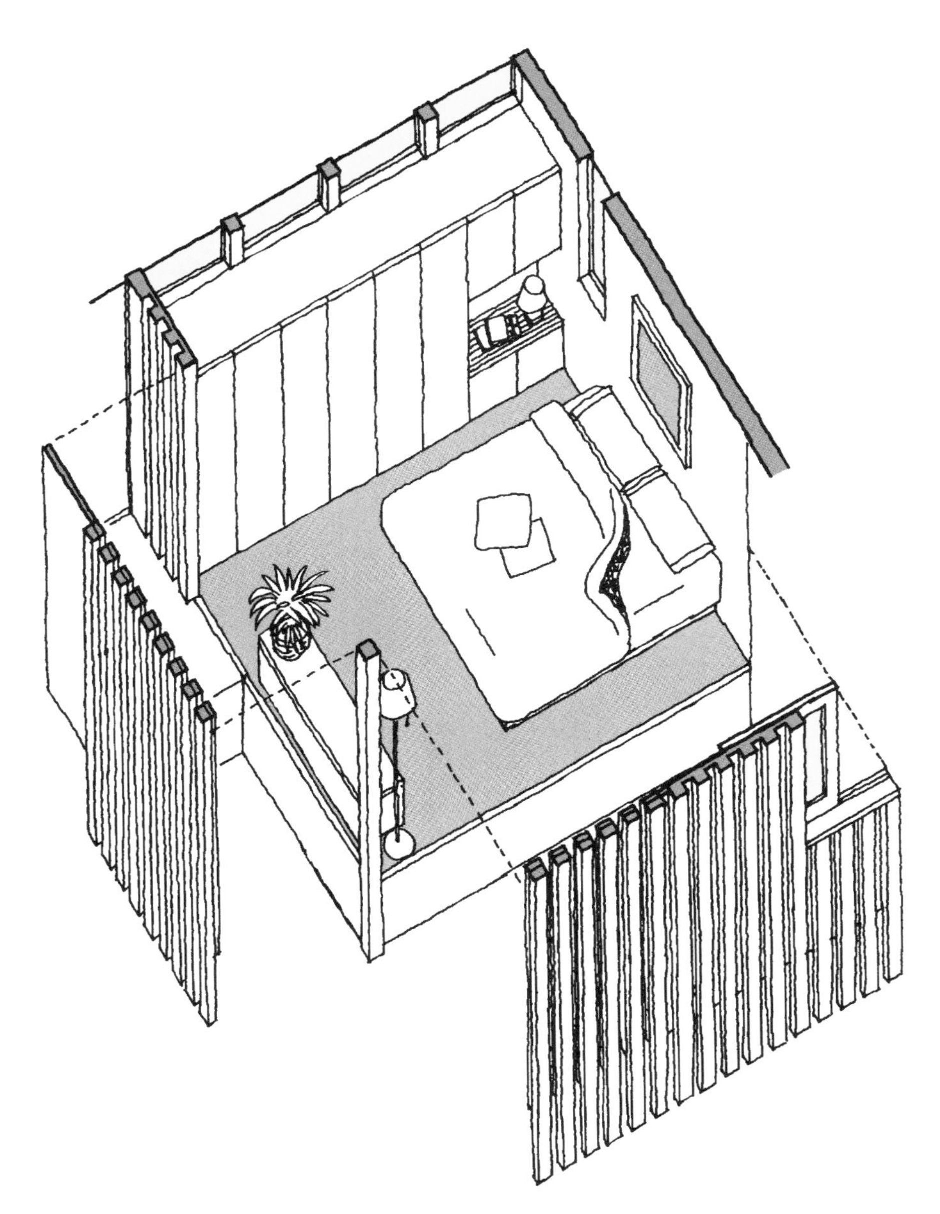

由无双窗和直棂窗构成的分隔墙案例

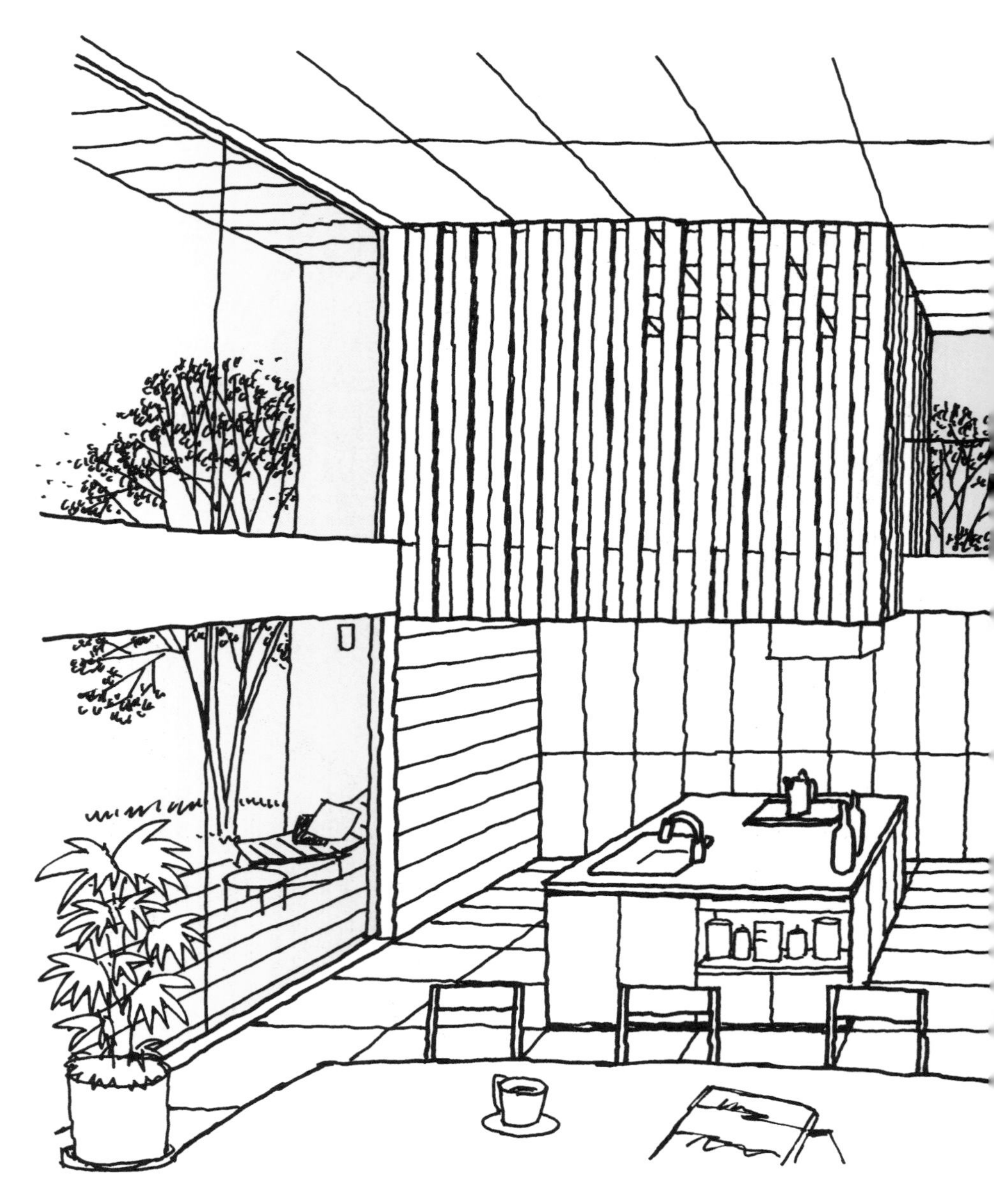

与外部空间相连的开放型公共空间满足通风与采光的需要

开启无双窗，可以营造出柔和的半开敞独立空间。

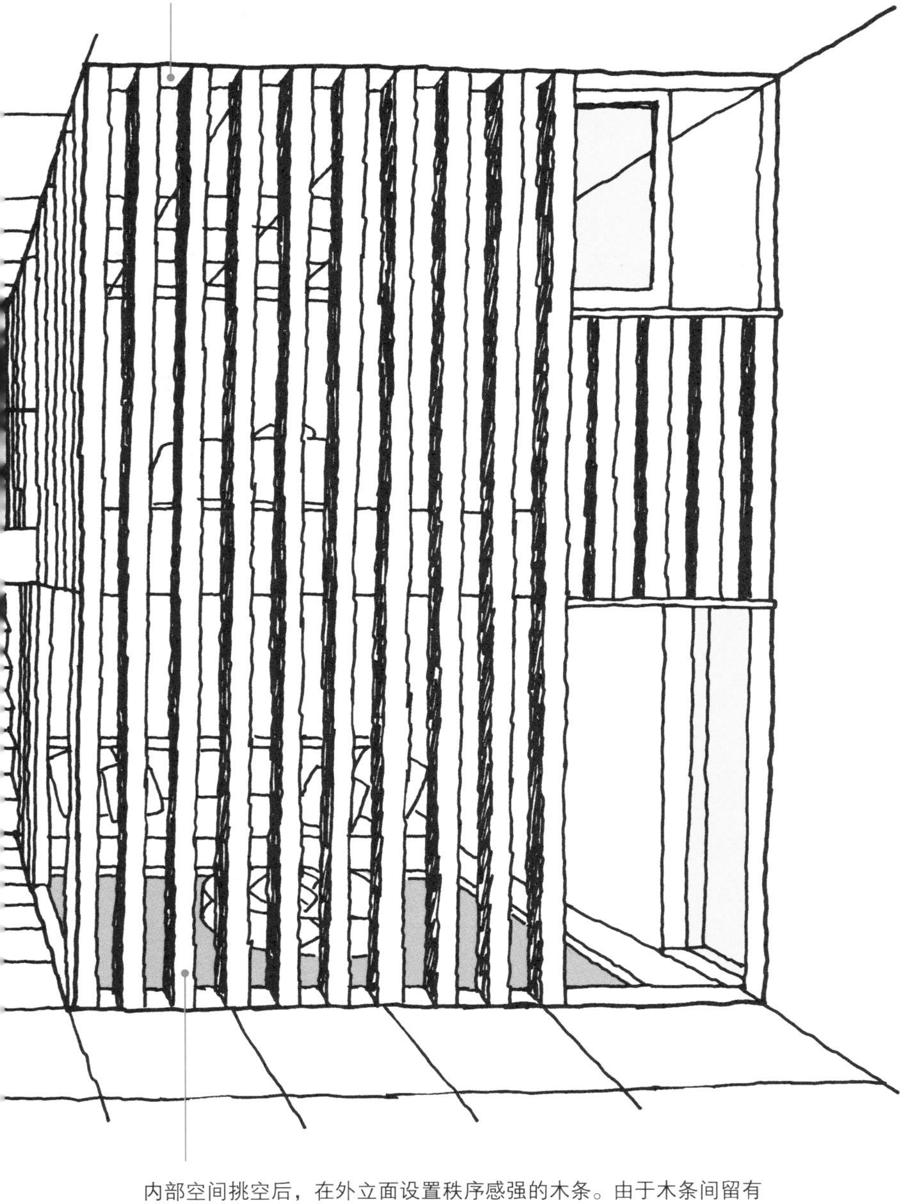

内部空间挑空后，在外立面设置秩序感强的木条。由于木条间留有间距，能够满足采光、通风的需求，同时从外侧又无法直接窥视到完整的内部空间，营造出相对较私密、安全的氛围。

31 可移动、可分隔的收纳空间

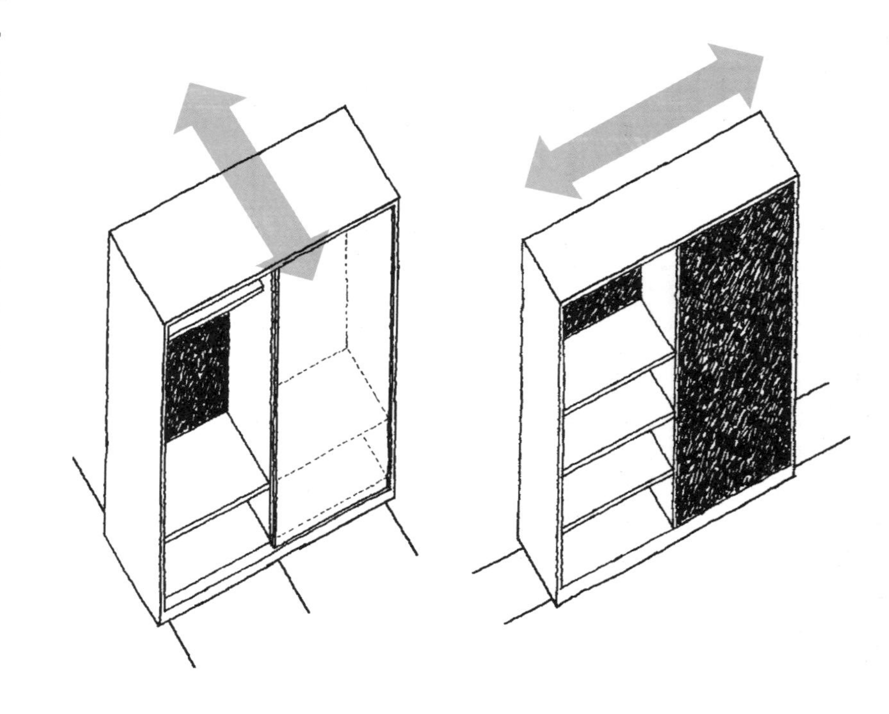

为了适应生活所需而改变布置形态是一种有效利用空间的手段。子女年幼时使用的是共用型的儿童房，在子女长大后可以将其分隔再使用。

分隔空间的方法是，先利用窗户限定区域，再利用储物空间进行分隔。事实上，比起常用的室内隔墙，家具本身更具备更好的区隔功能，也会让空间变得更有魅力。

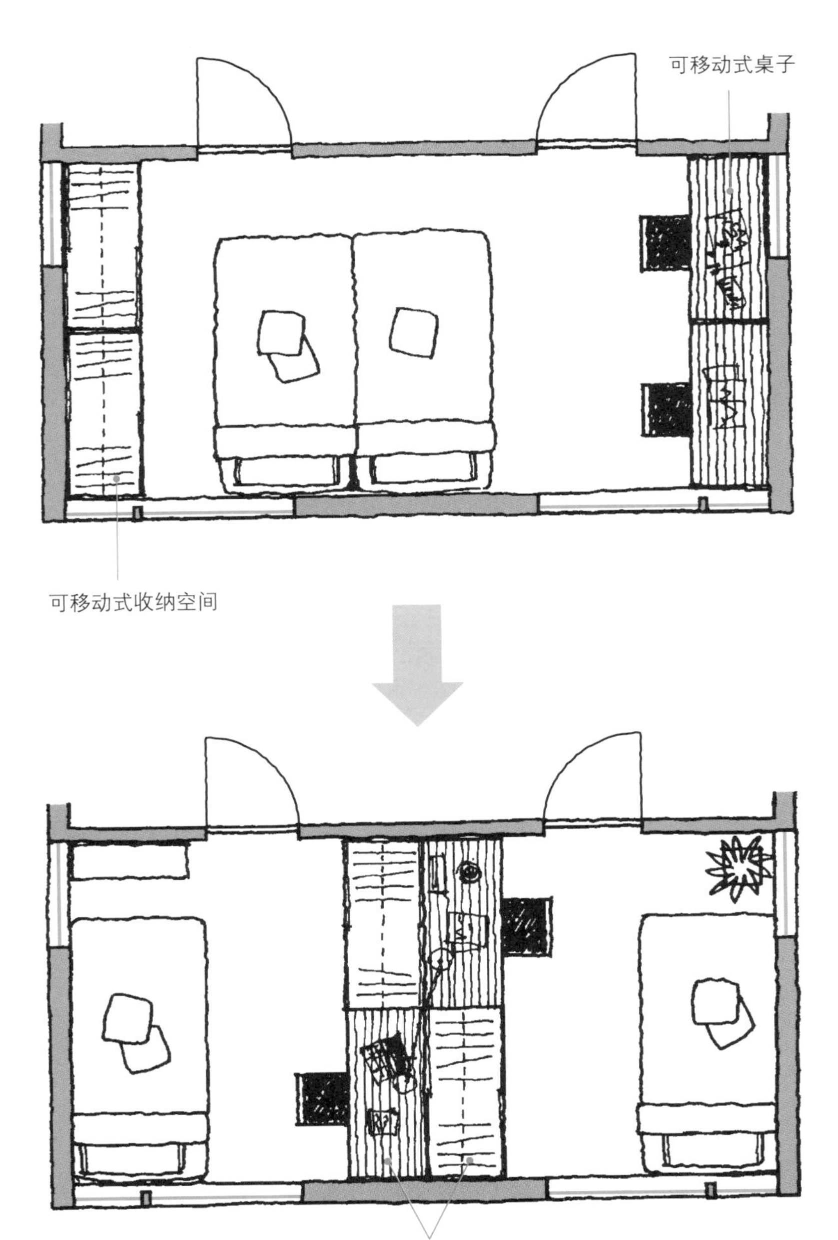
可移动式桌子
可移动式收纳空间
卧室与卧室之间由可移动式桌子与收纳柜进行分隔

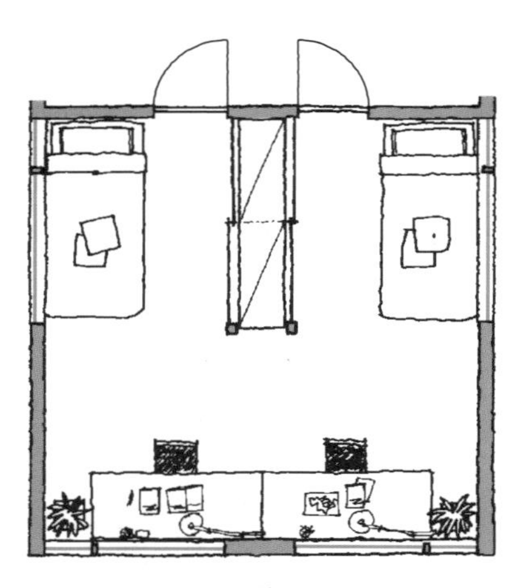

共用型的儿童房

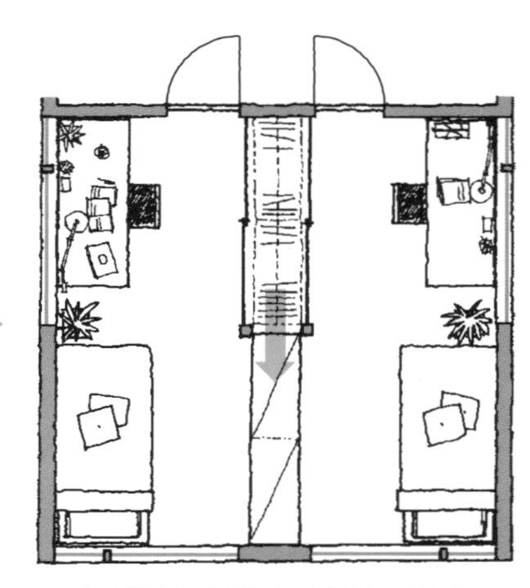

需要打造两个独立房间时，可以
移动收纳柜使整体空间一分为二

储物空间可以设置为可移动式的收纳柜。当子女还处于幼年时，需要收纳的物品比较有限，从某种程度上讲，展露房间的一些局部并不会有太大影响。到了需要分隔房间的阶段，抽拉出可移动式的收纳柜，原本的储物空间再添加隔板和金属管等，便可以确保房间能继续正常使用。总而言之，这种设计的长处在于分隔空间的同时能够继续增加收纳的容量。

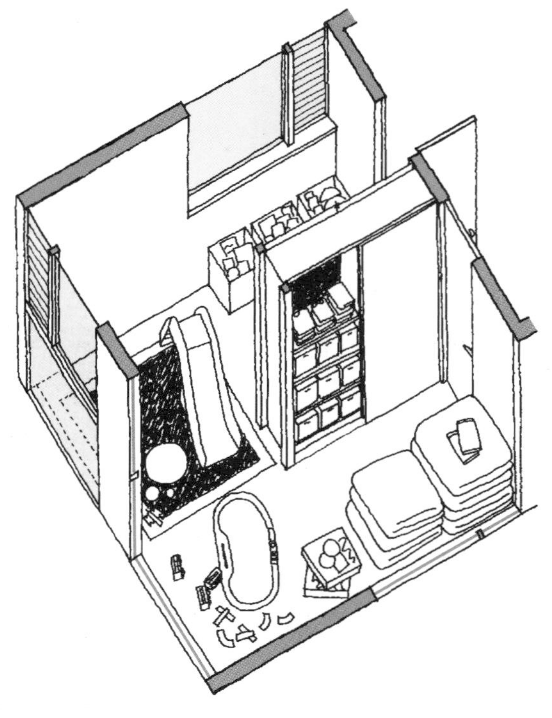

子女处于幼年时，可以作为儿童
游乐间或是亲子间使用。

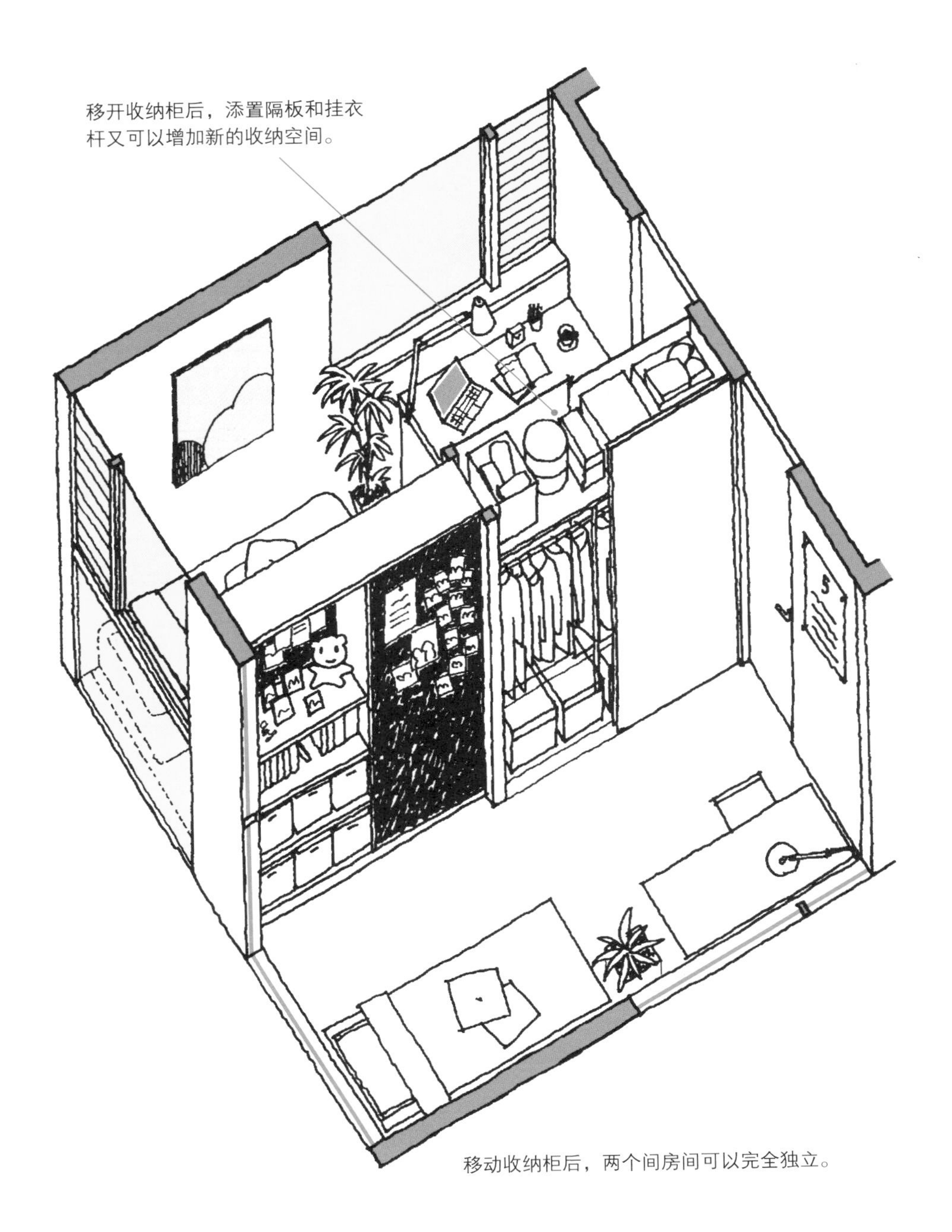

移动收纳柜后，两个间房间可以完全独立。

32 铝合金窗户的再利用

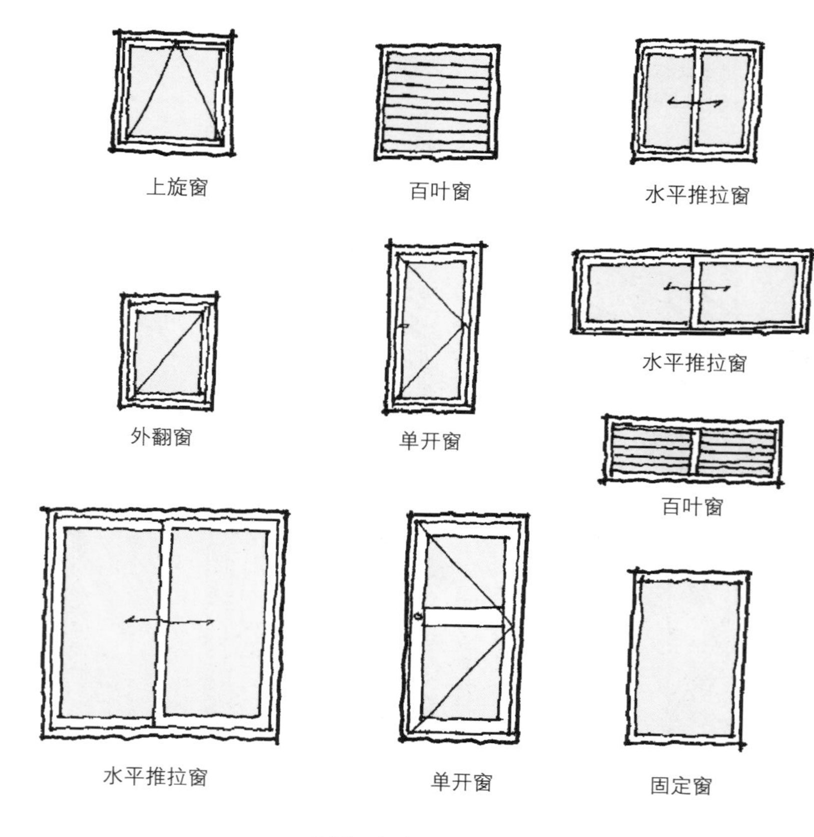

不同开闭方式的窗户

铝合金窗因具有耐腐性、坚固性的特点，是较为理想的建筑材料。不过相对而言，耐腐性意味着当其废弃时，难以再次回归自然，对地球环境具有一定的负面影响。虽然铝合金电解后也许可以再利用，但需要耗费许多能源。因此，理想的设计是能够关注环境问题，减少环境的负担，将废弃的铝合金窗户实现再利用。

下一页的案例中，在既有住宅的周围构建了类似马赛克状的墙壁，墙壁上安装了各种各样不同开闭方式、尺寸大小的铝合金窗户，营造出半开放性的中间区域。

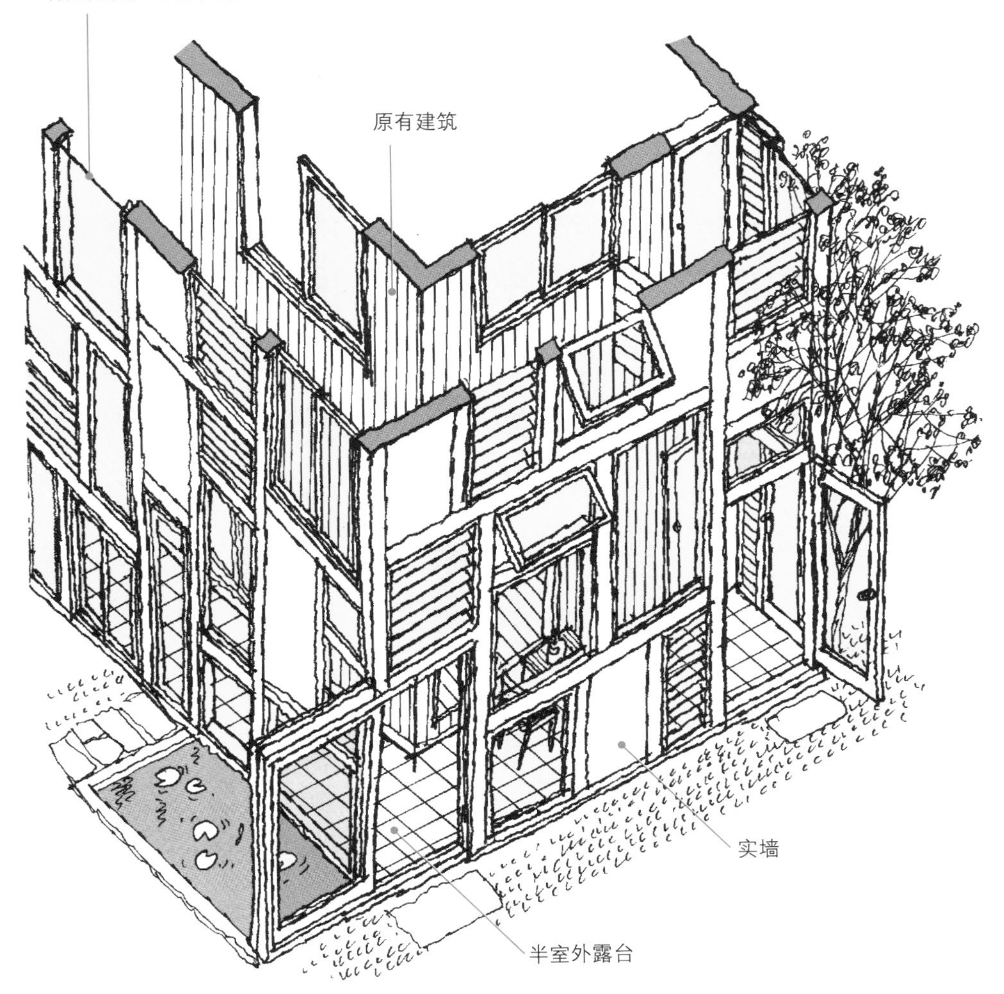

使用铝合金窗框构筑而成的外墙

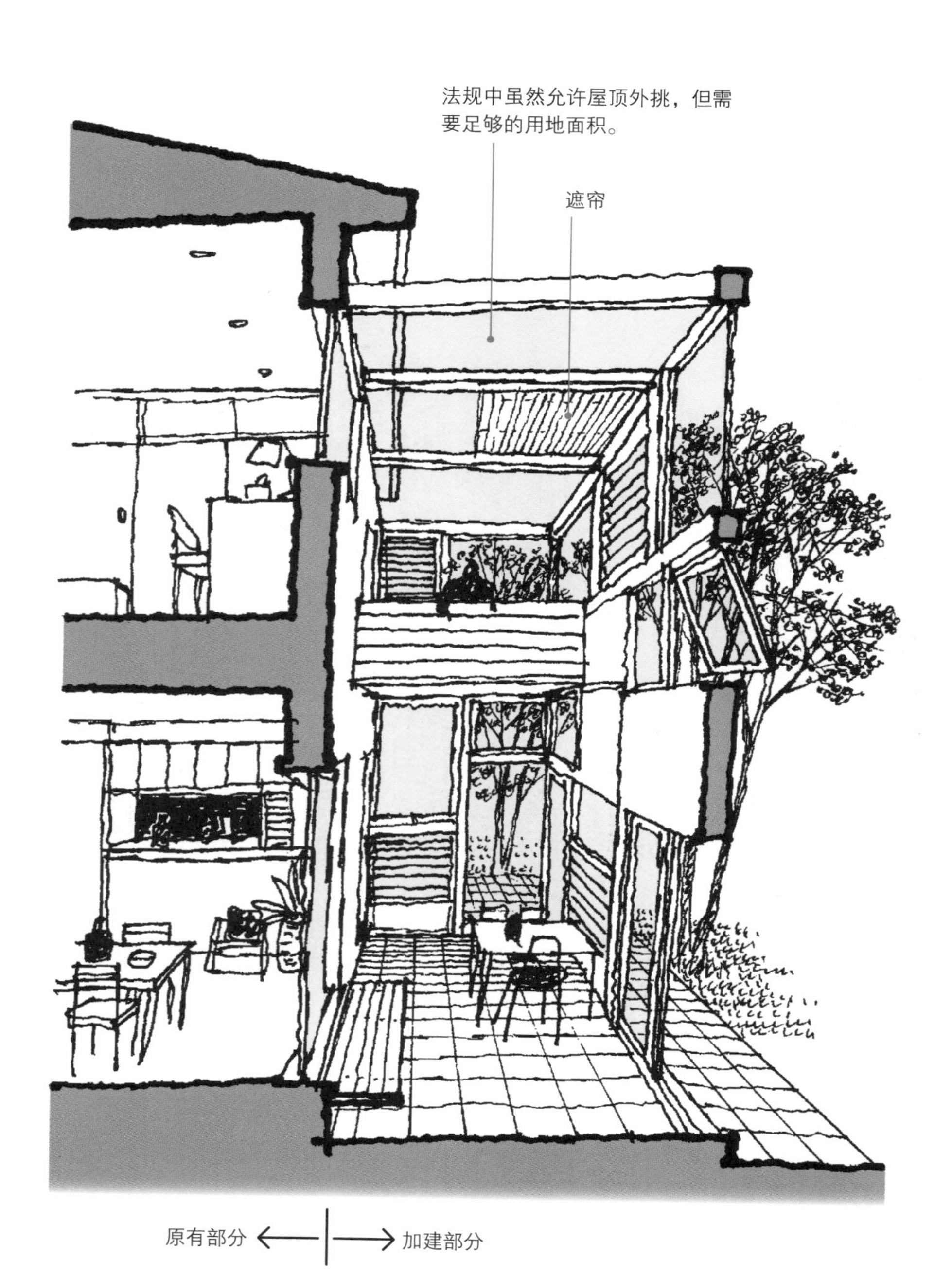

既有建筑与外墙加建部分的剖面图

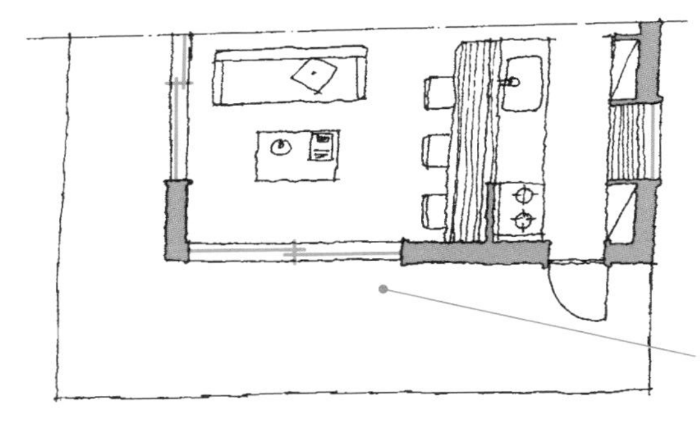

外部与内部空间明确区分后导致空间及生活方式等都变得单调无趣了。

既有建筑一层平面图（局部）

此处的中间领域可演变出多样的生活空间

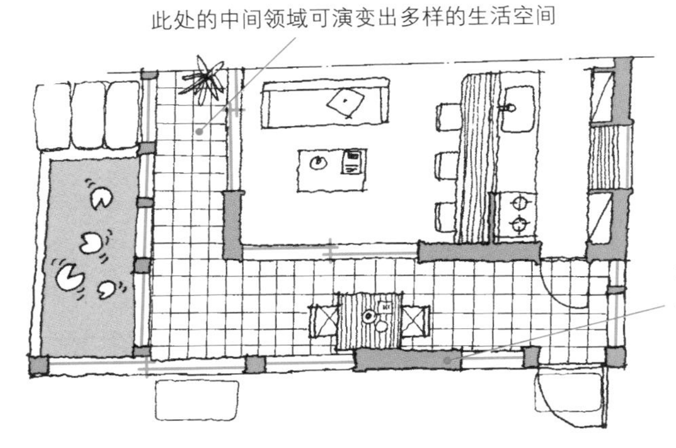

在没有使用尺度合适的铝合金窗户的情况下，保留墙壁，增加构造强度。

加建后的一层平面图（局部）

此处的中间领域可以作为露台或是晾衣台等生活场所使用，也属于室内外的过渡空间，具备遮挡外部寒、暑气的功能。而且，这个方案能够保护遗留下的原始外墙，为长久不变的建筑外观增添了新的风采。

在此案例中，加建的铝合金外墙距离既有建筑约 2m。若因为用地限制或预算不足，即使仅预留 1m，效果也将非常显著。

由于建筑规模的不同，也存在构造上需要添置承重墙的情况。除了加建外墙的办法外，也可以设置与室内空间一体化的露台。

33 向内侧开启的杜布罗夫尼克窗户

在临靠亚得里亚海的克罗地亚，保留了一处世界文化遗产的美丽港湾城市——杜布罗夫尼克，这里是世界范围内非常具有人气的景点之一。

漫步在杜布罗夫尼克美丽的街区内，你会被在其他地区无法看到的杜布罗夫尼克独有的建筑外立面深深吸引。这里交易着来自各个国家的琳琅满目的商品，商店的柜台和店铺的出入口合为一体。狭窄的街道内挤满了熙熙攘攘的人群，窗户和出入口的门扇全部为朝内侧开启的构造形式。一般而言，内开式的门窗在构造上不利于散水，那此处的散水构造是怎样处理的呢？为此，笔者向其中一家店铺提出申请，要求对窗户进行详细的实测调查。如图所示，杜布罗夫尼克窗户虽然无法像现代建筑中使用的窗户那样具有的高度的封闭性、防水性，但刮风下雨时，也具备挡雨的功能。

在历史长河的发展中，此地的窗户也在不断变化和更新。从方便维护的角度出发，原先的窗扇由木质逐渐转化为铁质，玻璃窗的窗框也由木质逐渐替换为铁质。现在，新建商店的门窗全部为展示型，甚至连空调的出风口也不例外。这归根于时代的变迁，但由于杜布罗夫尼克建筑外立面的基本构造及设计形式并没有发生根本的改变，所以至今还能保留着如此美丽的人文景观。

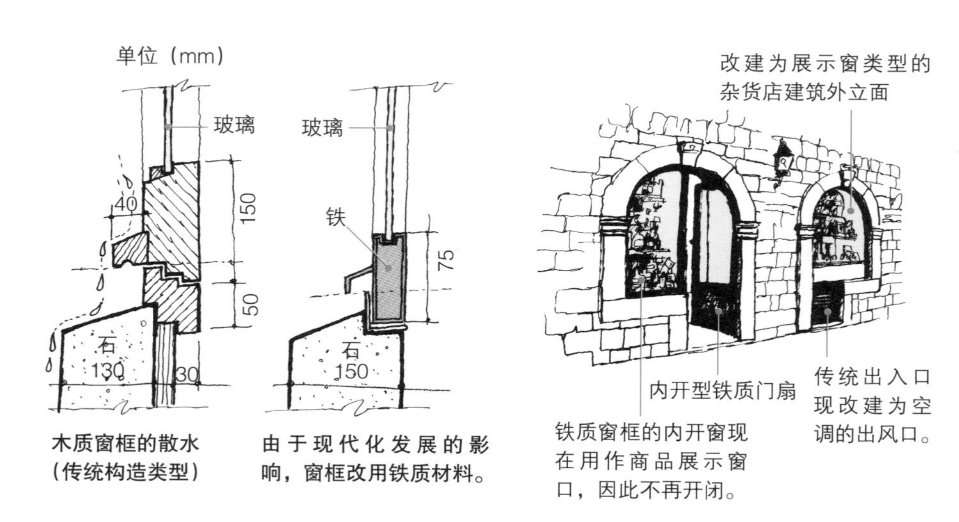

木质窗框的散水（传统构造类型）

由于现代化发展的影响，窗框改用铁质材料。

第三章

开窗的形式及窗户的构造

窗户表现了住宅与街道的表情

窗户连接着建筑的内外两侧，向住宅送去温暖的光与清爽的风，同时也是控制光与风的装置。窗户还承担着取景的作用，美景可以增添人们生活的活力。因此，为了让室内的生活变得更舒适、丰富多彩，必须考虑如何设计窗户。

相反，窗户也能够向外界映射出室内的生活情境。通过窗户，外人可以看到窗帘、百叶的颜色和形态，以及精心装饰在窗户周围的花草等物品，自然对这栋住宅的主人的品位、喜好、生活方式也有了一些基本的认识。仅仅变化窗户的尺寸、形态及位置等，住宅的面貌瞬间也会不同。因此，为某处环境、场所设计的窗户将直接影响此处住宅与街区的整体表情。

01 水平推拉窗

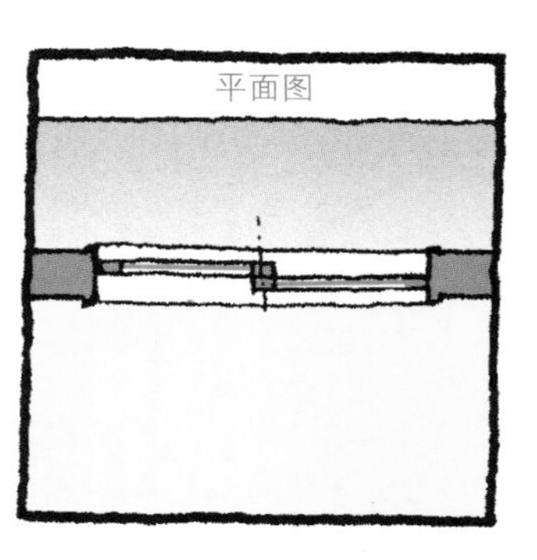

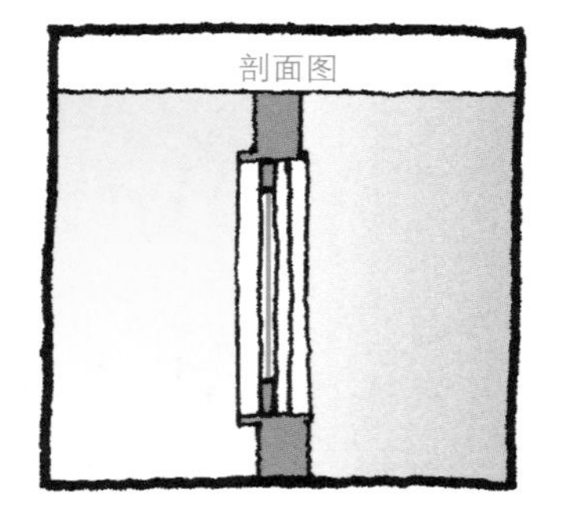

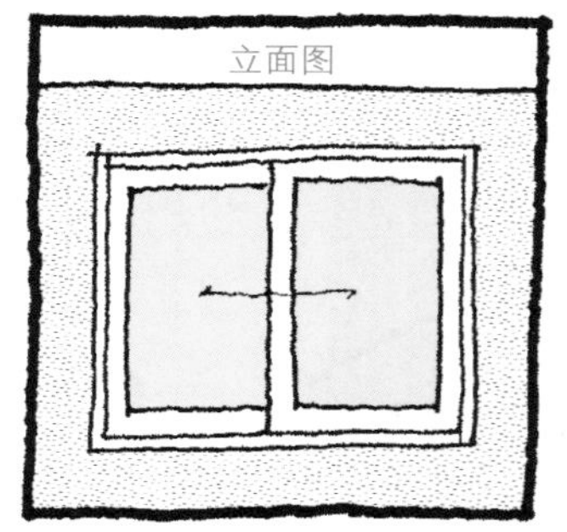

水平推拉窗在传统日式建筑中运用已久，障子和袄便属于水平推拉窗的类型。两扇以上的窗扇安装在沟槽、移动轨道内，通过水平方向移动的方式开闭窗户，所以比较容易调节窗洞大小。开设尺寸较大的窗洞可以获得良好的通风与采光，也可以重叠安装玻璃窗、纱窗、百叶窗等不同材质和种类的窗扇。水平推拉窗使用范围较广，既可以用于分隔空间，又具有连接空间的用途。

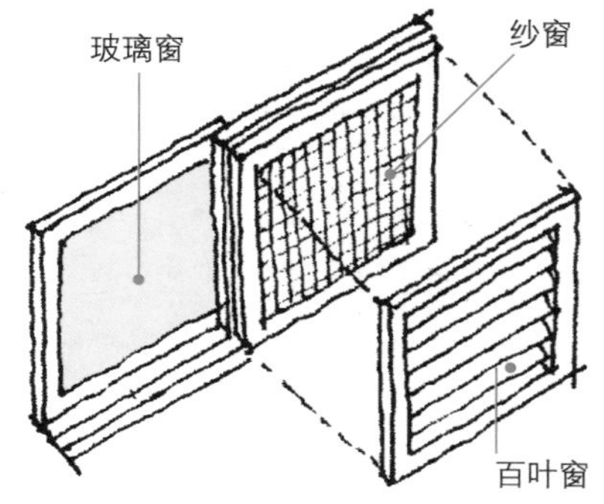

02 对开窗

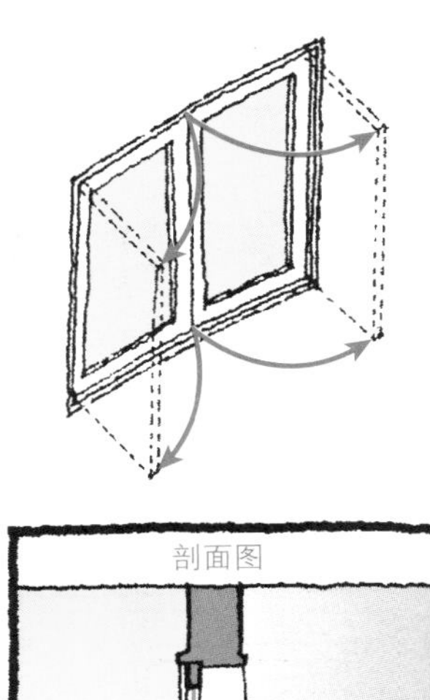

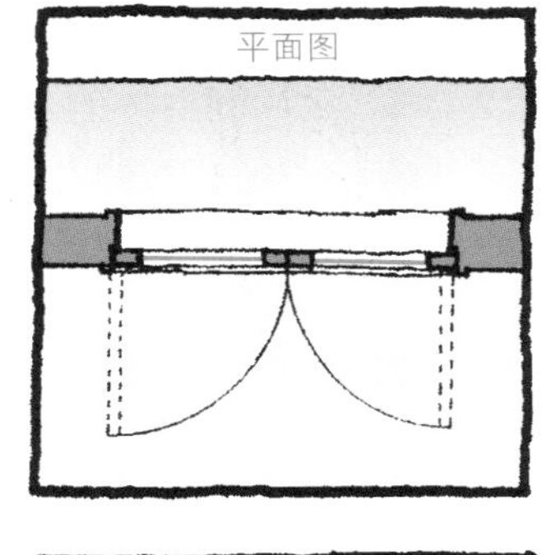

剖面图

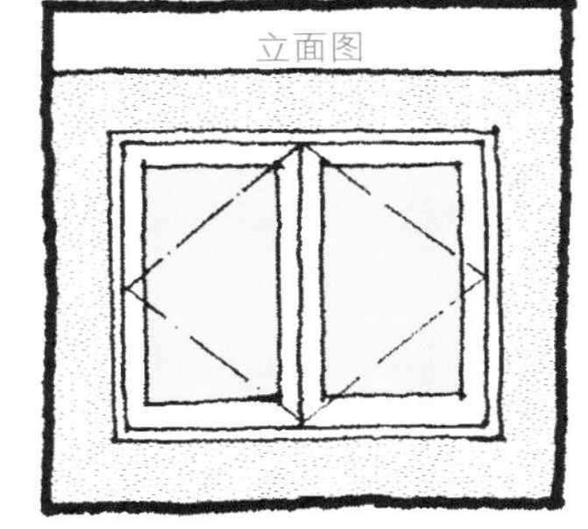

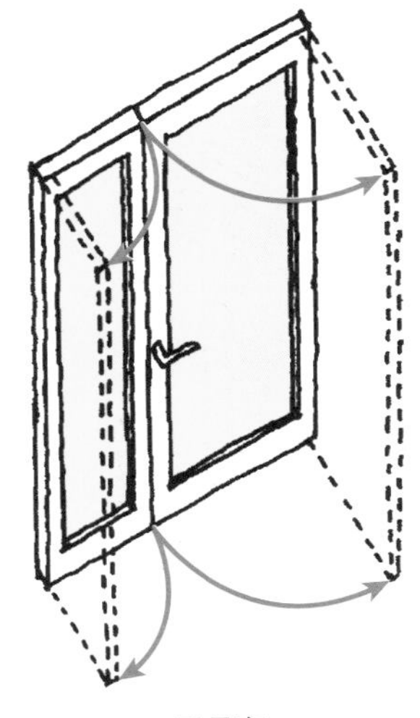

子母窗

对开窗依靠固定窗扇用的金属安装合页开闭窗户，以合页作为旋转轴，窗扇会按照弧线轨迹向内或向外开启。所以窗扇的可活动范围较大，易被狂风损坏，窗扇上的玻璃会破碎、四溅，安全起见，需安装固定器控制窗扇的可活动范围。

对开窗大体有单扇开闭型和双扇开闭型两种类型，后者在窗扇尺度不一的情况下，被称为“子母窗”。

03 单开窗

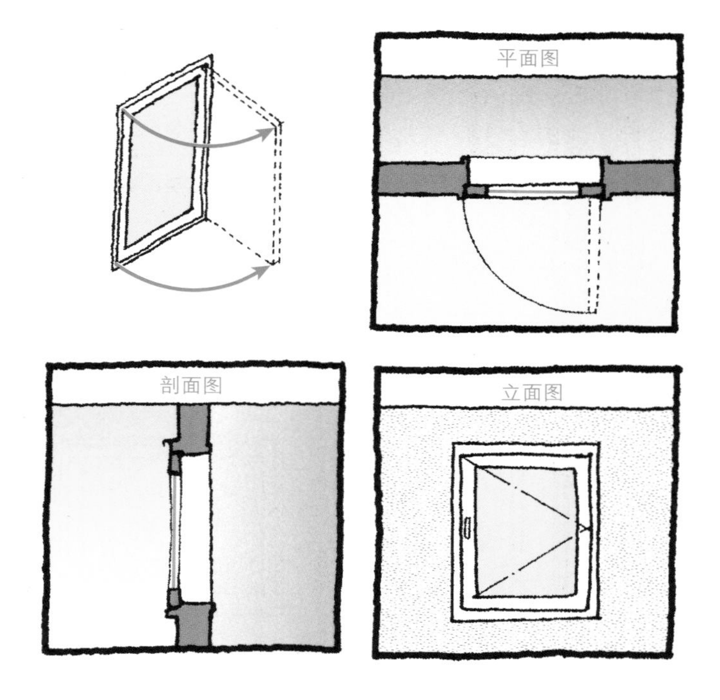

在欧美国家，单开窗是常见的窗户类型。目前，单开窗在日本也被广泛使用。单开窗与对开窗相同，也是在金属框架上安装合页来控制窗扇的开闭。因为窗扇仅设置一面，所以冠以“单开窗”之名。

单开窗的窗扇可活动范围也较大，易被狂风破坏，出于安全考虑，需安装固定器来控制窗扇可活动范围。

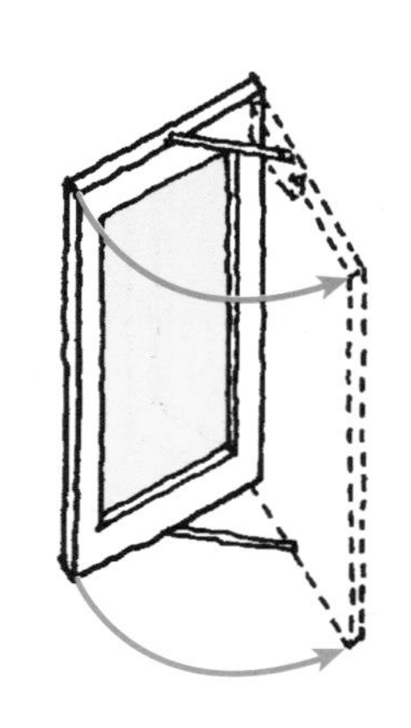

04 外倒窗

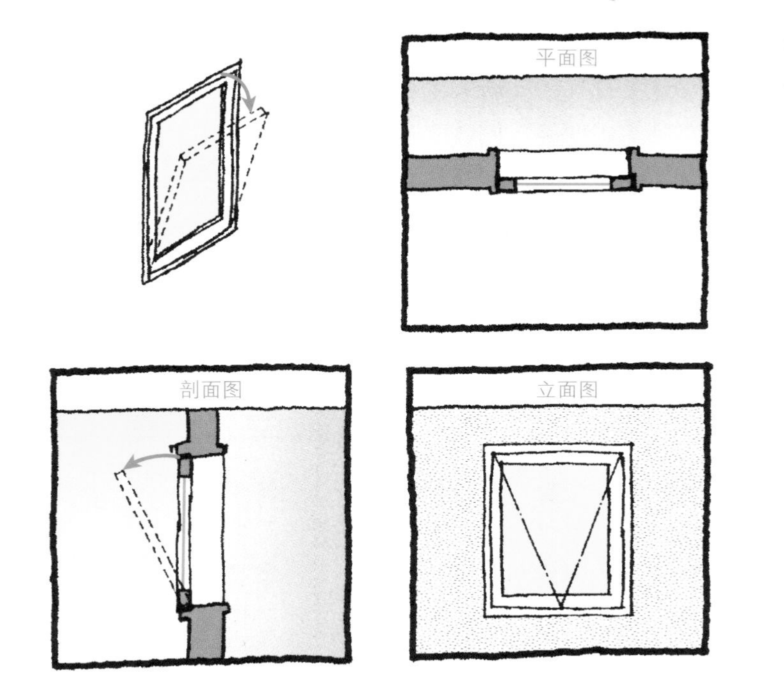

外倒窗将作为轴的合页固定在下框上，开启时，向外侧倾斜窗扇。开闭窗户会受到手臂可伸出距离长短的影响，因此推荐安装固定器调节窗扇的可活动范围。外倒窗在发生火灾时能够顺畅排出烟雾，多数情况将其设置在顶棚附近，以作为排烟窗使用。当手难以够到时，推荐安装相应的遥控器进行操作。但是，外倒窗因开窗形式的关系，在雨天时存在容易倒灌雨水的问题。

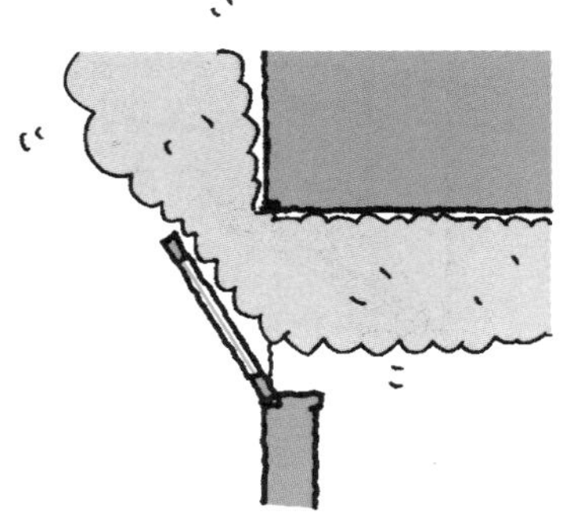

选择换气排烟窗的场合较多，因其需要具有一定的抗风性，所以建议安装固定器。

05 内倒窗

内倒窗与外倒窗的开启方式类似，但窗扇是向建筑内侧倾斜固定，因此需注意不要占用过多的室内空间。另外，窗扇具有一定的自重，也需考虑操作的简易度，使用固定器以便控制开启的范围。内倒窗通常作为换气窗使用。

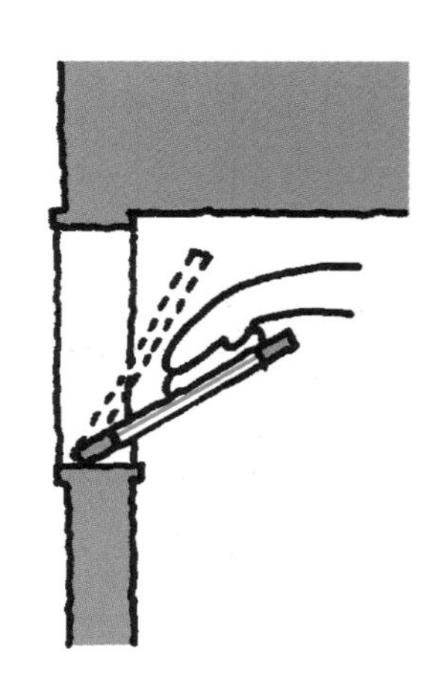

内倒窗的优点在于清洁外侧玻璃较为方便。

06

垂直推拉窗

上下窗扇都采用可移动式。

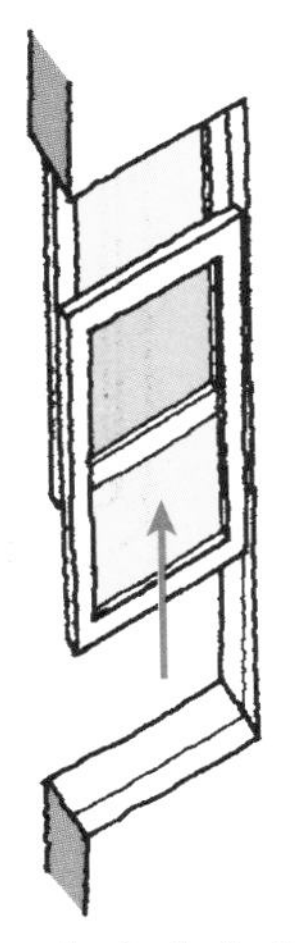

上窗扇为固定式，下窗扇为可移动式。

垂直推拉窗与水平推拉窗的不同之处在于窗扇的移动方向与水平推拉窗的移动方向成90°角，为上下推拉方向。垂直推拉窗存在一面窗扇为固定式而另一面为可移动式的类型，或者两面都为可移动式的类型。由于窗扇按上下方向移动，所以需考虑玻璃的种类及整个窗户的重量等，这些是影响窗户开闭的主要因素。

07 固定窗

固定窗主要以采光和观景为目的，是将玻璃窗嵌入窗框且窗扇无法开闭的固定式窗户类型。

固定窗由于功能纯粹，因此可设计出多种形状，打造充满个性的建筑外观。

因无法开闭，需考虑如何清洁的问题。固定窗外观简洁，被广泛运用于各类建筑中。

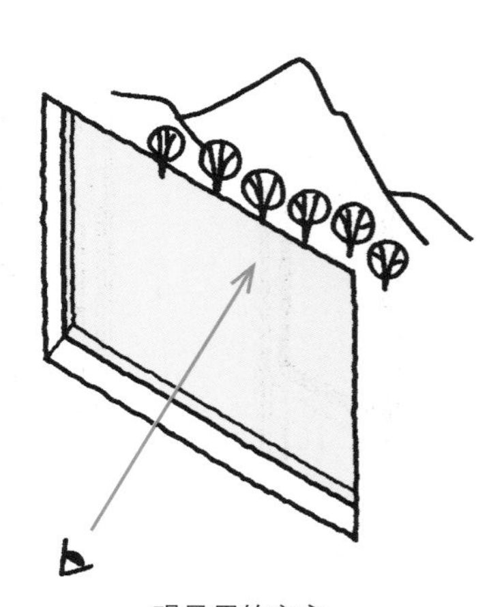

观景用的窗户

08

外翻窗

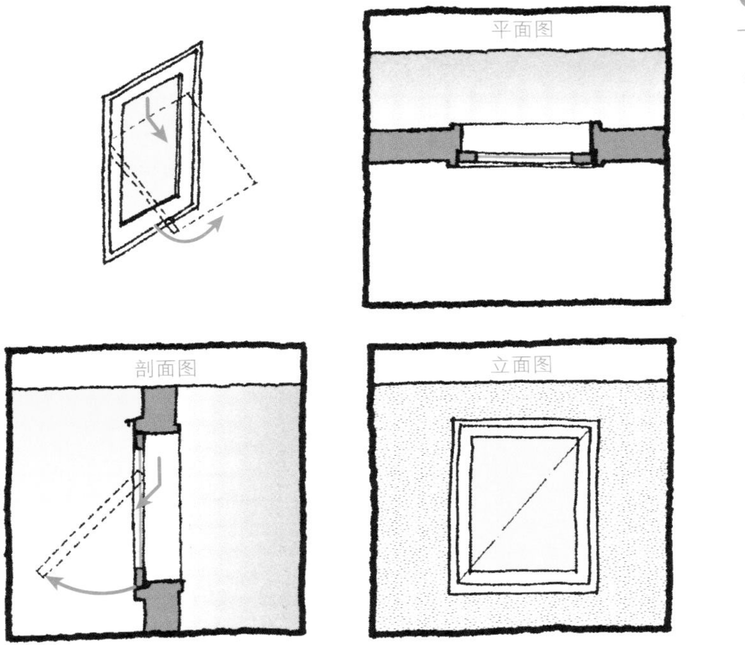

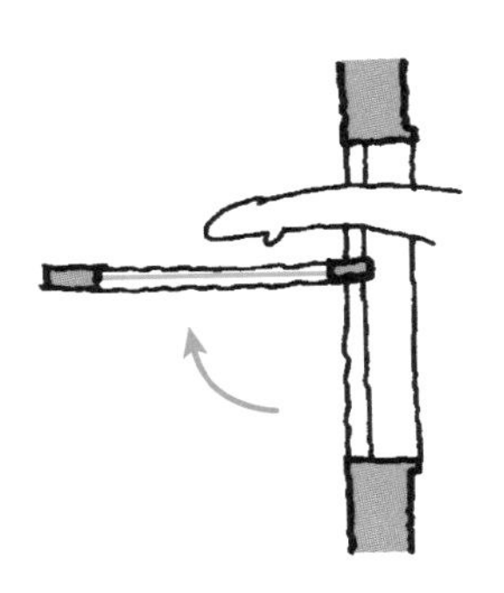

拆除固定器，外侧玻璃也便于清洁。

外翻窗是指沿着窗框左右设置轨道的、将窗扇的横轴向外侧滑动并推出的窗户类型。

因其窗扇可在活动范围内按所需角度自由开启并固定不动，所以在窗扇上下方都会形成开敞的空间。

取下固定器后，窗扇内外两面的玻璃都便于清洁。

09 立转窗

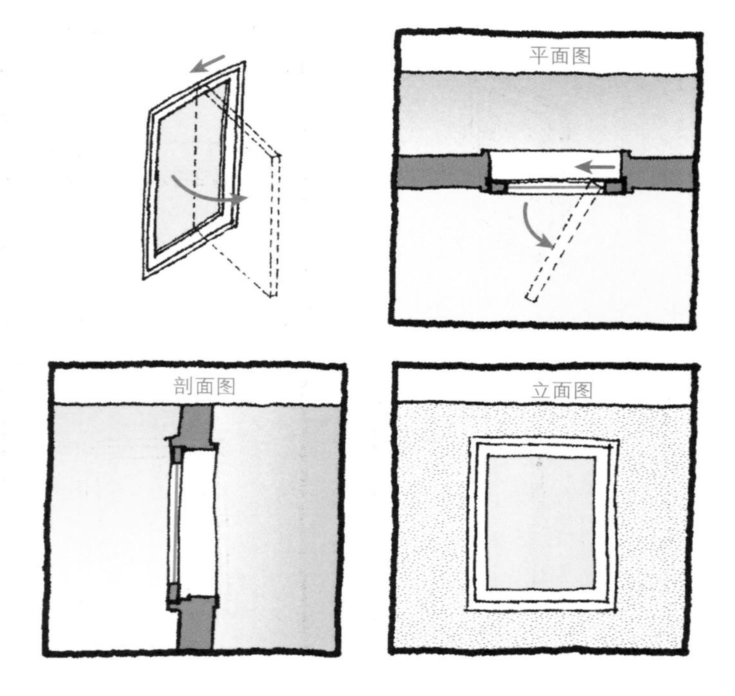

立转窗是指在上下窗框内设置移动轨道的、窗扇的纵轴向外侧移动并推出的窗户类型。窗扇同样也可以在活动范围内根据所需角度，自由开启并固定不动。因为沿道路走向吹来的风会被窗扇阻挡，所以立转窗便于通风。

在考虑立转窗的水平宽度时，若选择人难以入室的尺度，将能提高建筑本身的防盗能力。将窗扇移动至与外墙成90°角的状态时，在室内也能轻而易举地清洁外侧的玻璃窗。

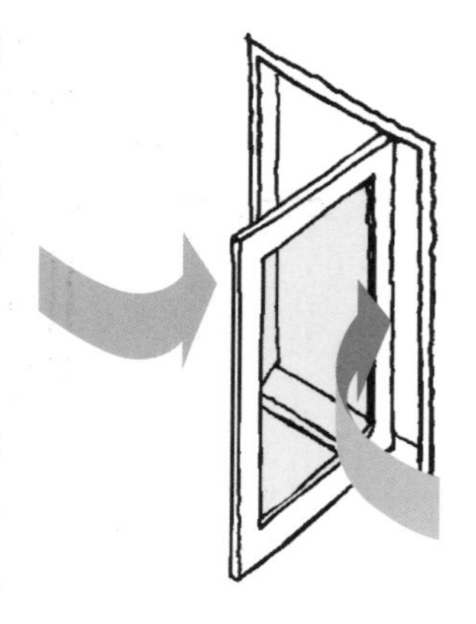

利于通风。

10 隐藏式推拉窗

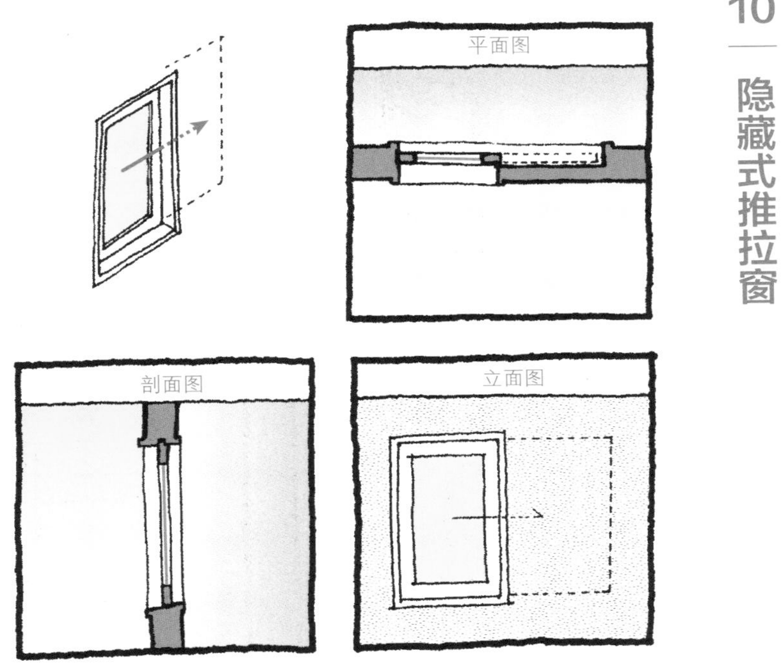

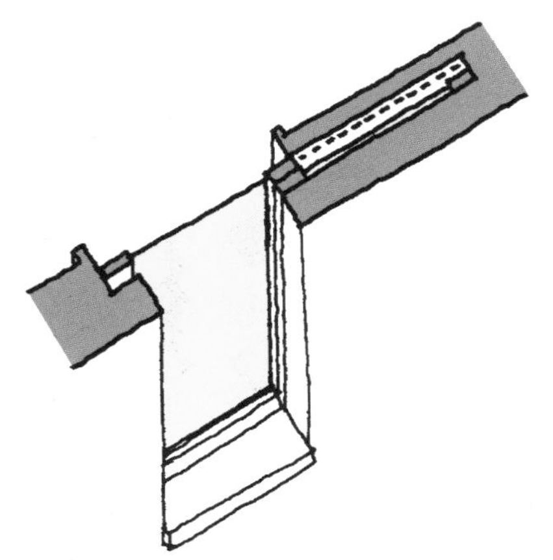

将铝合金窗户单侧窗扇固定不动，另一面窗扇设置成隐藏式。

隐藏式推拉窗是指在左右任何一方设一扇窗扇并按水平方向开闭的窗户类型。根据场所不同，也存在与固定窗组合使用、设置两扇窗扇的案例。还有的情况为，去除墙壁一半的厚度，将窗扇设置为隐藏式。

窗扇隐藏在墙壁中时，从建筑外侧完全看不到窗户，从而使室内外空间无障碍地联系在一起，营造出轻松的氛围。

11 百叶窗

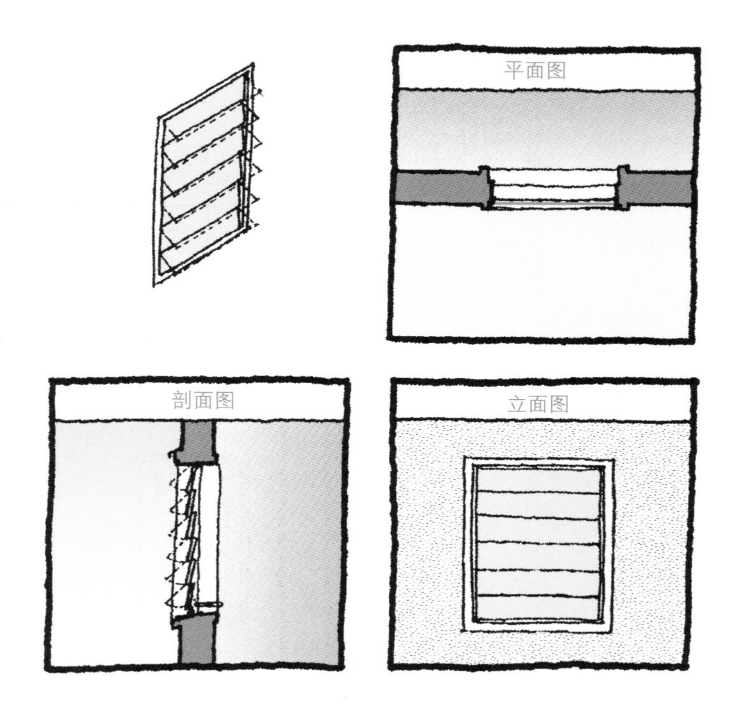

百叶窗是长条状的玻璃通过旋转的方式进行开闭的窗户类型，其主要作用是通风。通过调节装置进行手动操作，可以自由改变玻璃的角度，控制通风与采光。若其安装在难以够到的墙壁高处时，可以采用遥控器电动操作窗户的开闭状态。

百叶窗主要设置在需要通风、换气的浴室、卫生间、厨房等处。因为从建筑外侧可以用螺丝刀拆卸百叶，所以其防盗性能并不佳。在设计建筑立面时，建议将百叶窗安装在手无法够到的位置上，或者在窗扇外表面再设置防盗面板等。

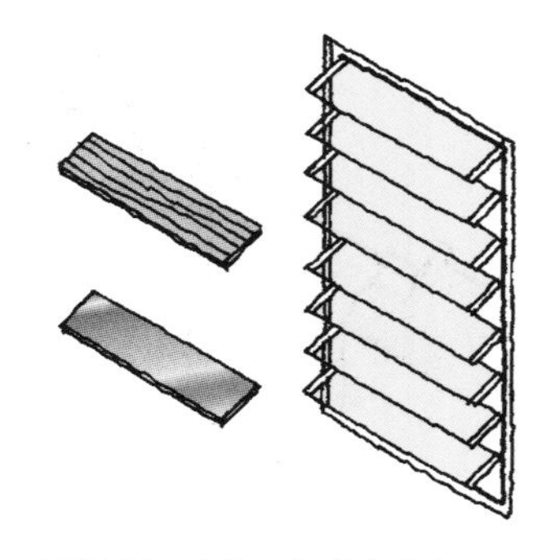

根据空间形式，将玻璃改变为金属板、木板等也是不错的选择。

12 上旋窗

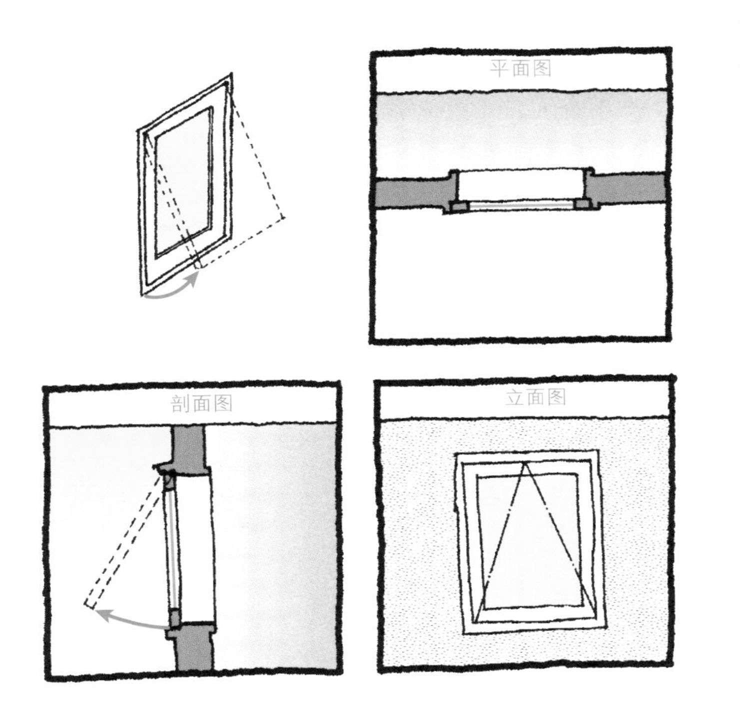

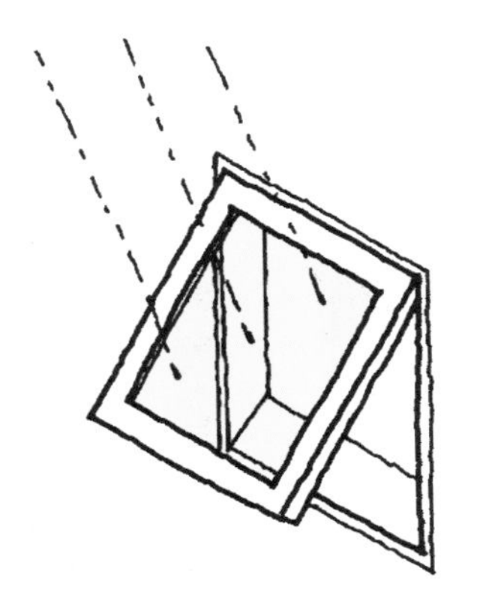

下暴雨时，开启的窗扇可起到挡雨的作用。

上旋窗是将窗扇上端作为轴的、向外侧推出的窗户类型，类似于传统建筑中的蔀户。开启后，窗扇如屋檐的作用一样，雨天可以避免雨水倒灌入室。若采用玻璃材质，需考虑窗户的自重是否会影响开闭操作。

尺寸越大、越重的窗户可活动的范围也就越小。

13 — 外开

面对使用空间相反方向的，即外侧开闭的门、窗被称为外开门、外开窗。日本住宅的玄关处，几乎都是外开式门。与其说是为了避免雨水和灰尘的侵入，还不如说是因为在玄关处日本人有脱鞋的习惯，内开门不便于脱鞋。另外，一般情况下，住宅的卫生间也为外开式门。

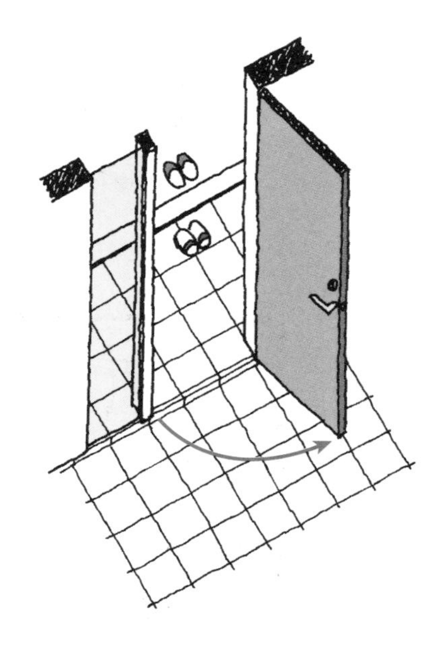

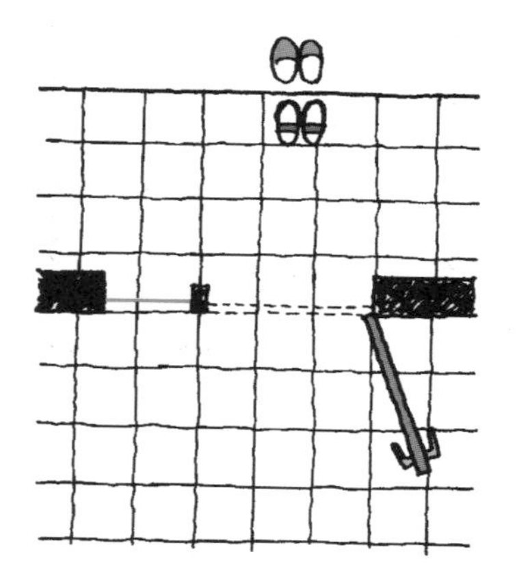

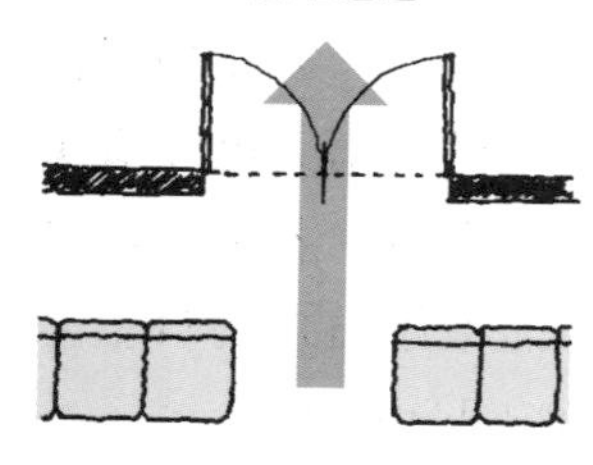

考虑灾害发生时顺利避难的需要，公共建筑的出入口的门应向避难方向一侧开启。

排烟窗为了保证烟雾能畅通排出室内，窗应采用与排出烟雾方向一致的外开式设计。

卫生间内若有人不幸跌倒，内开式门因为伤者的肢体阻挡无法开启。采用外开式的话，可以顺利进行急救。

14 内开

此类型为与外开式门、窗的开启方向相反的内开形式。西欧地区的住宅玄关为内开门，据说这是出于防盗的考虑。当不怀好意者想要强行入室时，从内侧可以用全力推阻，也可以使用家具阻止大门的开启。

根据场合不同，这种内开门还存在一种“欢迎光临”的感觉。

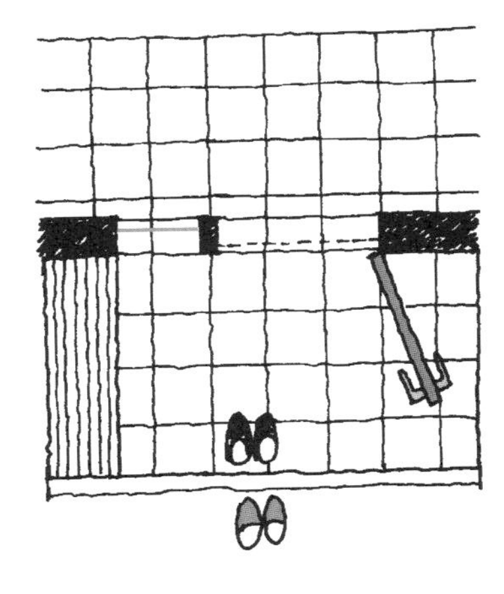

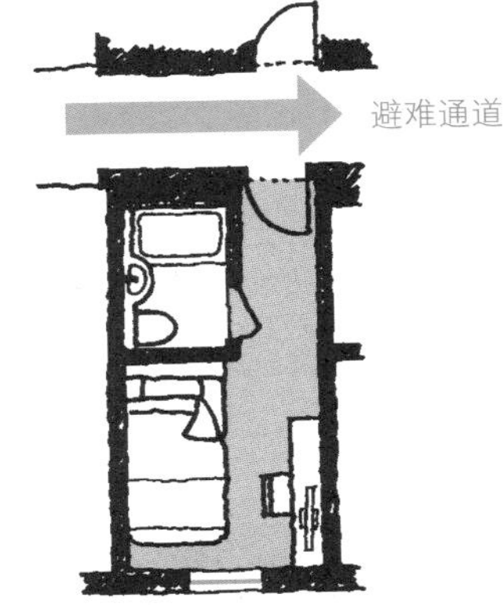

酒店客房的门为内开式，考虑的是灾害发生时不向作为避难通道的走廊开门，另外也考虑了防盗功能。

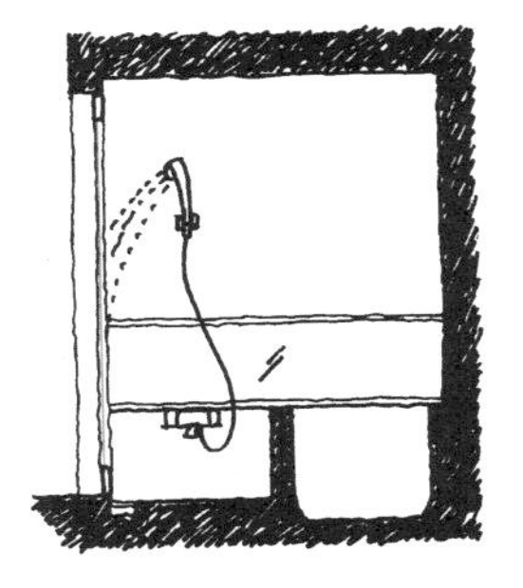

考虑散水问题，浴室的门一般为内开式。

公共厕所采用内开式门，主要考虑开门时，保护站在外侧人士的安全。

15 百叶

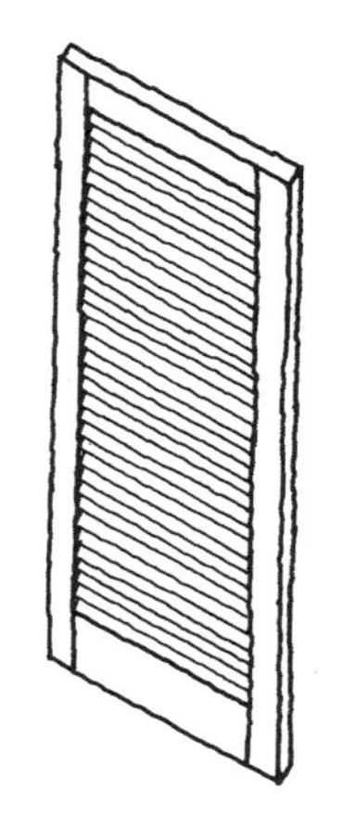

这是一种既遮挡视线又能满足换气功能的窗户。百叶的叶片按水平方向设置，微微向下倾斜一定角度的形式被称为"斜片状百叶"，中间凸起成山形的被称为"山形百叶"。

山形百叶中间安装纱网，起到防虫作用。在外部空间、建筑外立面等处可以广泛采用这种防虫式的百叶窗。

16 弹簧门

弹簧门以金属合页作为轴心，门板可以前后活动，但最后会弹回原位呈关闭状态。常见于商店、工厂、酒吧的入口等处。

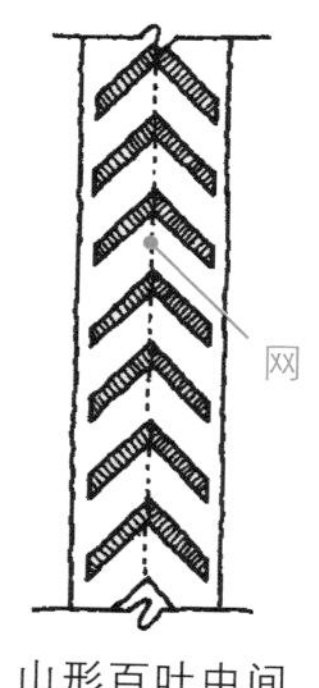

山形百叶中间设置了纱网

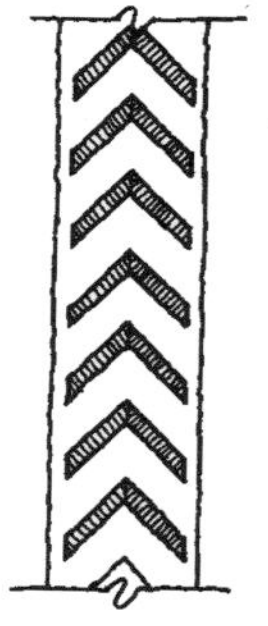

山形百叶

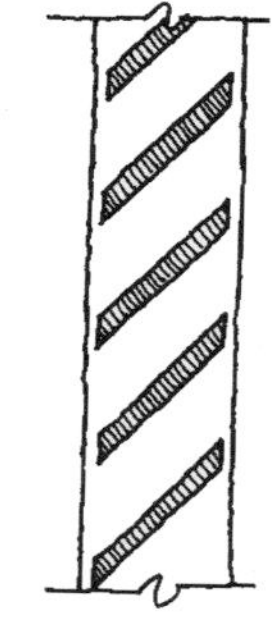

斜片状百叶

17 大户

大户是指在住宅入口设置较大尺寸的门。而尺寸仅便于成人进出的门被称为潜户，常用于町家建筑等传统民居内。大户和潜户的开闭方式都存在单开式、对开式等多种方式。

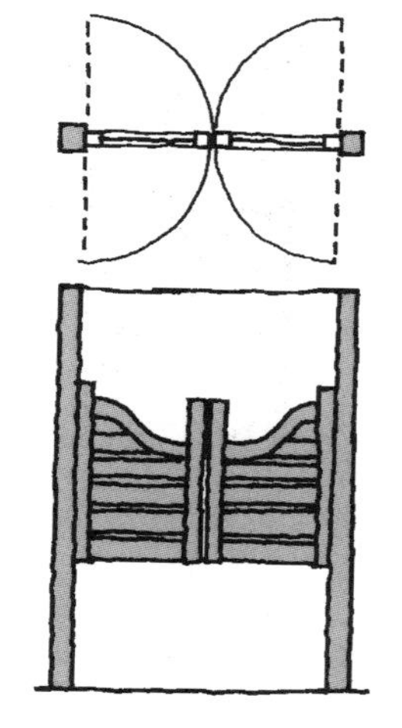

18 旋转门

旋转门诞生于冬季寒冷的欧洲地区，在圆柱形的防风室中央设置转轴，再安装放射状的门板，通过旋转，在保证室内空间密封性的同时实现人流进出。

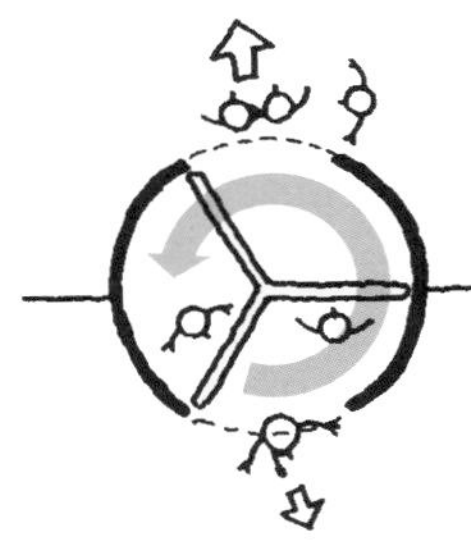

旋转门能够减少室内温度变化，所以常用于一些大型的节能建筑，或是希望减小气压变化的膜结构圆顶建筑。

19 动物用门

在门的类型中，还存在一种为动物设置的小型门。不用麻烦主人，动物自己便可自由进出。

20 半自动门

半自动门为手动开启、自动关闭的类型。门扇上方的移动轨道具有一定的倾斜度，利用门的自重进行关闭。半自动门常用于医院、车站便利店等处。

猫间障子和雪见障子同属于障子的类型，主要指障子下半部分安装了玻璃。向上拉起内障子（里层的障子），人们通过玻璃便可以欣赏到外景。关于雪见障子，一般指障子下半部分安装了玻璃、在玻璃表面设置可纵向推拉的内障子。传统的雪见障子虽然下半部分也安装了玻璃，但其表面不设内障子。

而传统的猫间障子并不安装玻璃，当障子处于关闭状态时，为了便于猫的进出，仅仅设置内障子。

现代的猫间障子、雪见障子的设计多种多样，出于封闭性考虑，材料逐渐更新为玻璃材质，因此存在两类混用的情况。而且，根据地区不同，名称叫法也存在差异，因此在表述时必须注意区分。

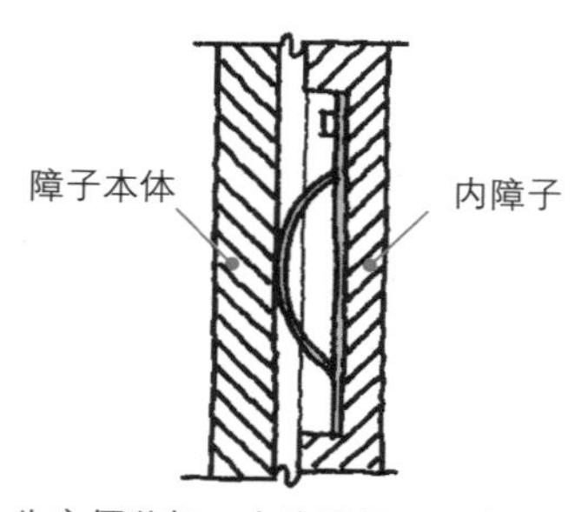

为方便装卸，内障子设置了专用把手，便于上下移动内障子。

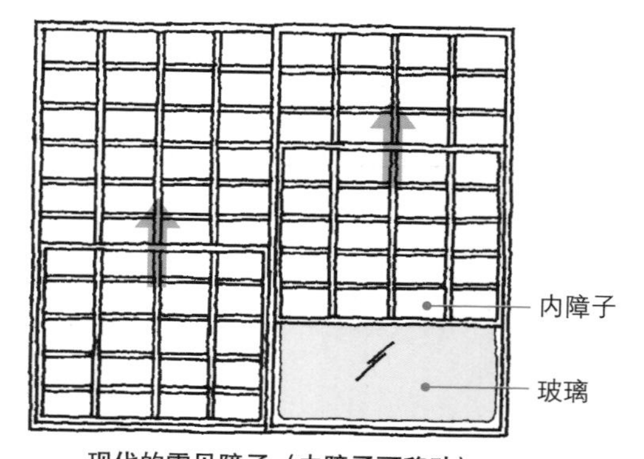

现代的雪见障子（内障子可移动）

猫间障子

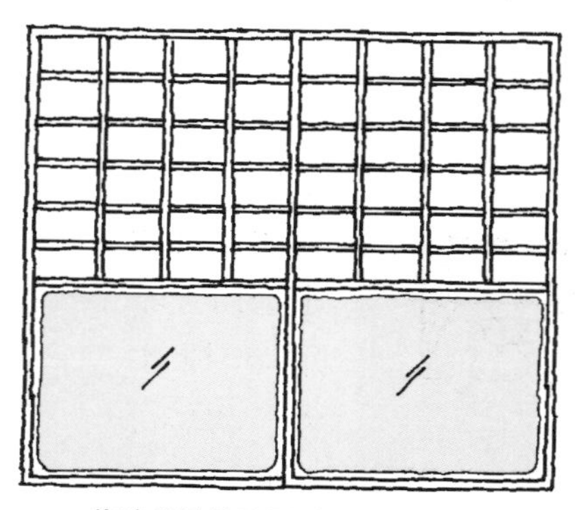

传统的雪见障子（不设内障子）

从剖面图看门窗洞的名称及其形式

低侧窗（地窗）

窗户的位置与地板齐平，不用顾虑外来视线，同时拥有良好的采光和通风效果。在其对角线方向再开设一扇窗户可以确保自然换气更加顺畅。

露台窗（扫出窗）

窗户下端与室内地板齐平，满足人、物品的进出，也可以扫出灰尘，属于小型窗洞。

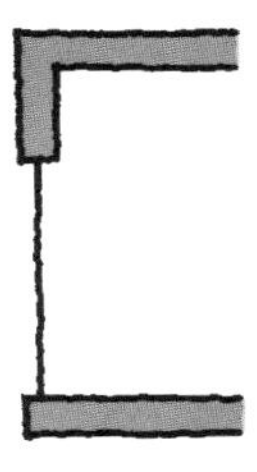

设置了横披的露台窗（扫出窗+栏间窗）

在露台窗上方设置横披，横披也能够满足通风与采光。

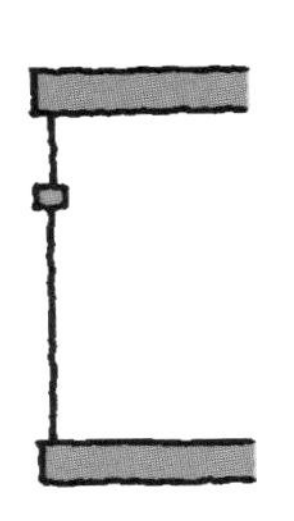

便于支撑手肘的窗户（肘挂窗）

窗台的高度为人跪坐时胳膊肘支撑的高度。

腰窗

窗洞位于墙面中上部，窗台高度到成人腰部位置，这类窗通风效果也很好。

高侧窗

窗洞接近顶棚的高度，一般为采光用的窗户。

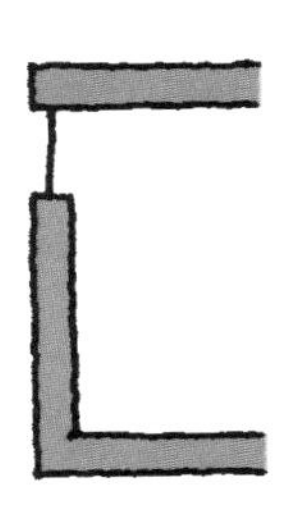

天窗

设置在屋顶及顶棚处的采光窗。天窗的采光量多于侧窗。

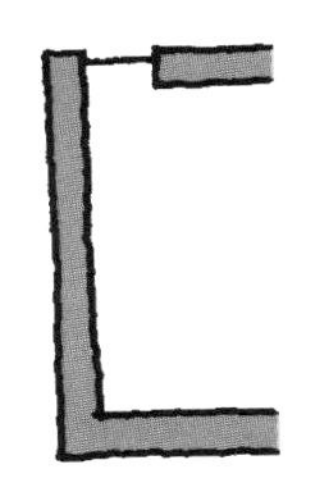

顶侧窗

在接近顶棚的垂直墙壁处设置的窗户，优点在于采光可直达房间内侧，常用于美术馆、厂房的屋顶处。

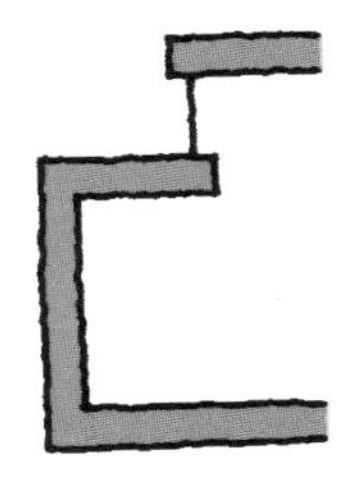

22 框户

“框户”为日文原词，可理解为框架式窗户的意思。古时它是指在窗户周围使用条状木料进行围框并用榫卯进行组装的、其内侧再置入板材的一种窗户构造形式。因材料本身具有一定的自重，这种窗户具有一些厚重感。

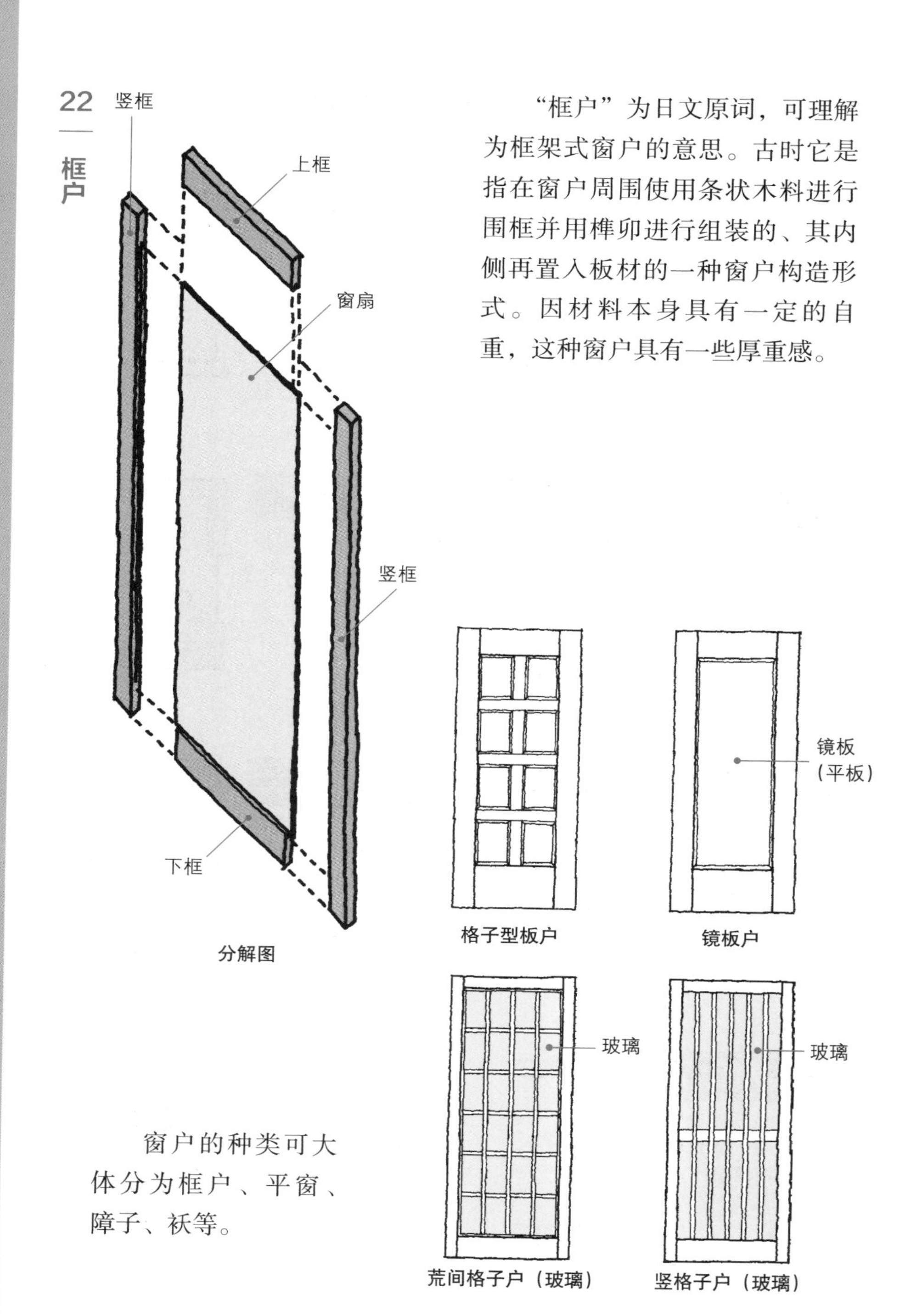

窗户的种类可大体分为框户、平窗、障子、袄等。

平窗在窗户表面安装了无凹凸感的平板，属于简约型设计，具有与框户不同的轻松感。一般是先由木条构成芯，芯再构成骨架，然后表面铺上合板，但由于骨架、表面处理方式及合板的材料等不同，设计方式及其效果也不同。

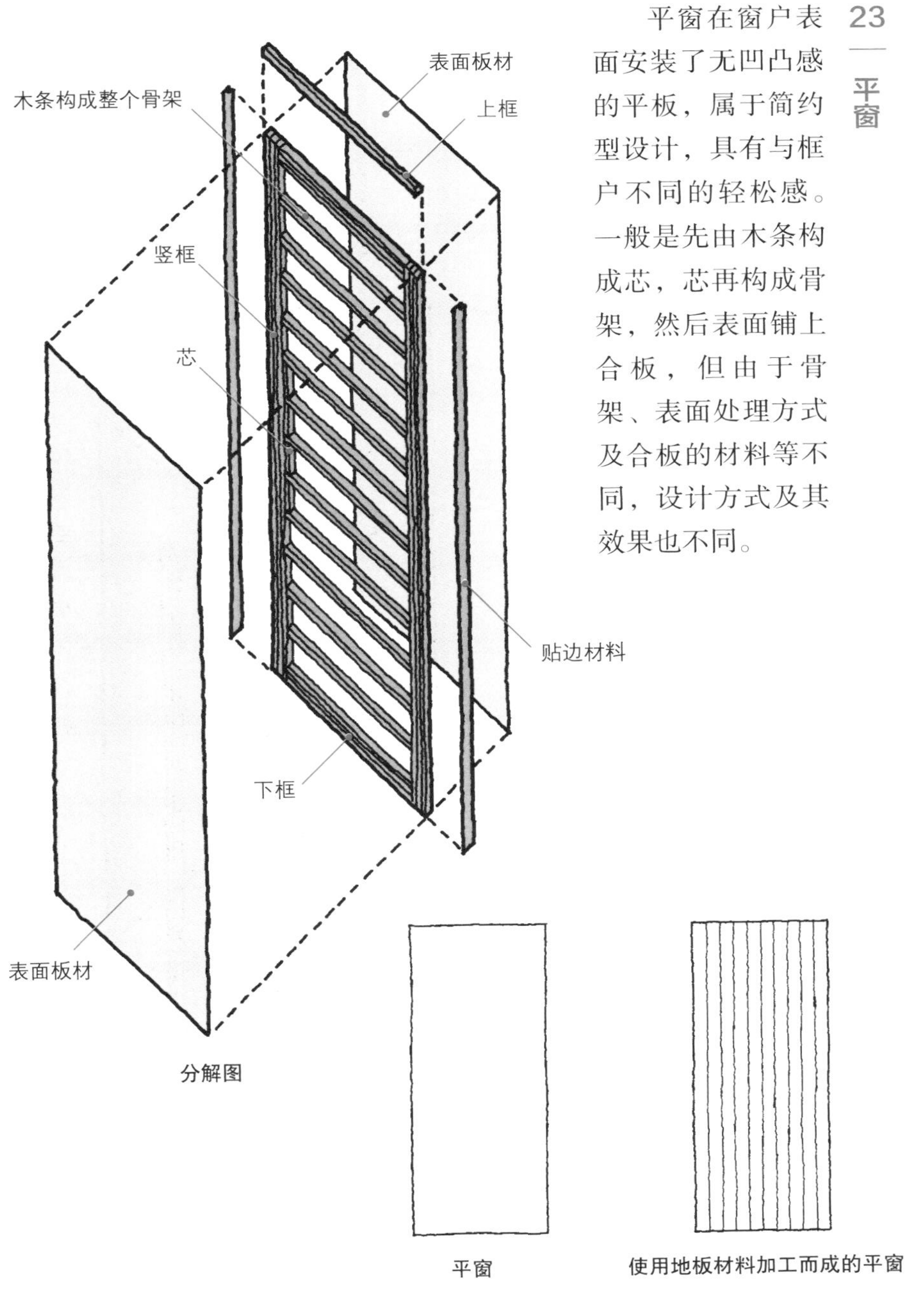

分解图

平窗

使用地板材料加工而成的平窗

24 障子

为了使室内光照更加充足，在木格子一侧粘贴和纸，障子也称为“明障子”。

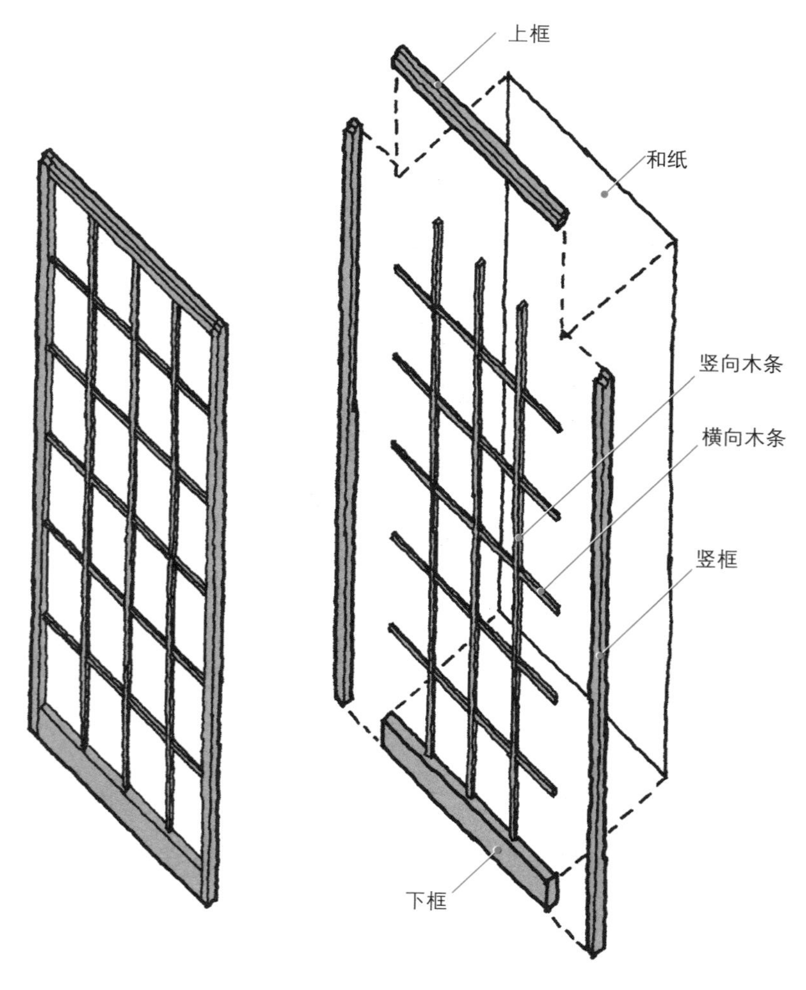

分解图

25 —— 袄

袄是在木格子两侧都粘贴上和纸、布等材料的窗户类型，在和室内常作为分隔空间的设施。

袄常见于日本传统建筑中，可根据不同季节、不同性质的婚丧节庆将空间变换成合适大小、这正是袄的魅力所在。

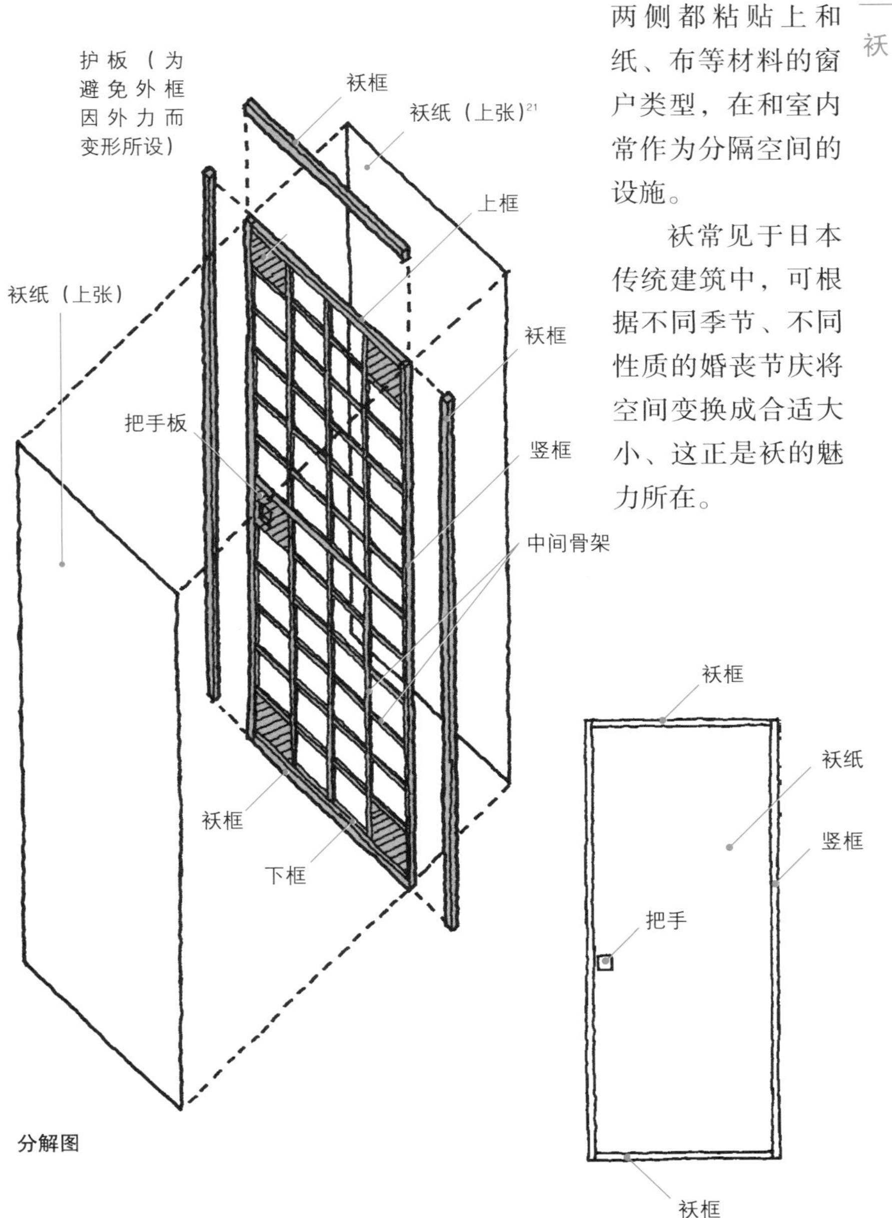

分解图

26 —— 不同建筑构造方式下的铝合金窗户节点

说到窗户，大都想到的是日本建筑中常用的铝合金窗户。

铝合金材质虽具有耐腐蚀、加工方便、成本低等多种优点，但也存在隔热性较差的问题。因此，可以设置多层玻璃，或窗框选择性能较好的树脂材料。

木结构建筑中，窗框可用螺丝固定，所以具备优秀的施工性。但对于钢筋、钢筋混凝土结构而言，需要通过焊接钢筋条的方式来固定。

图例为不同结构建筑的窗户构造节点示意。

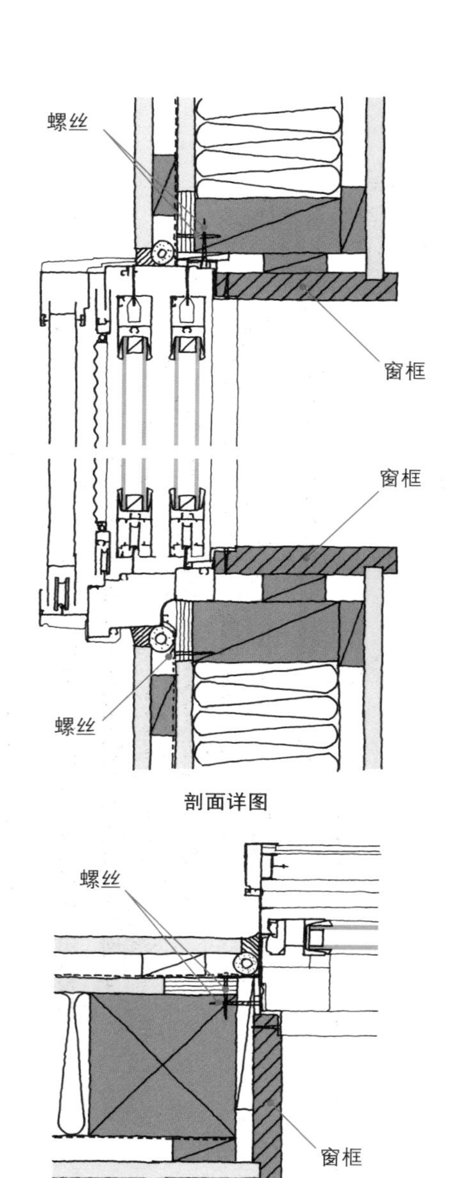

木结构详图

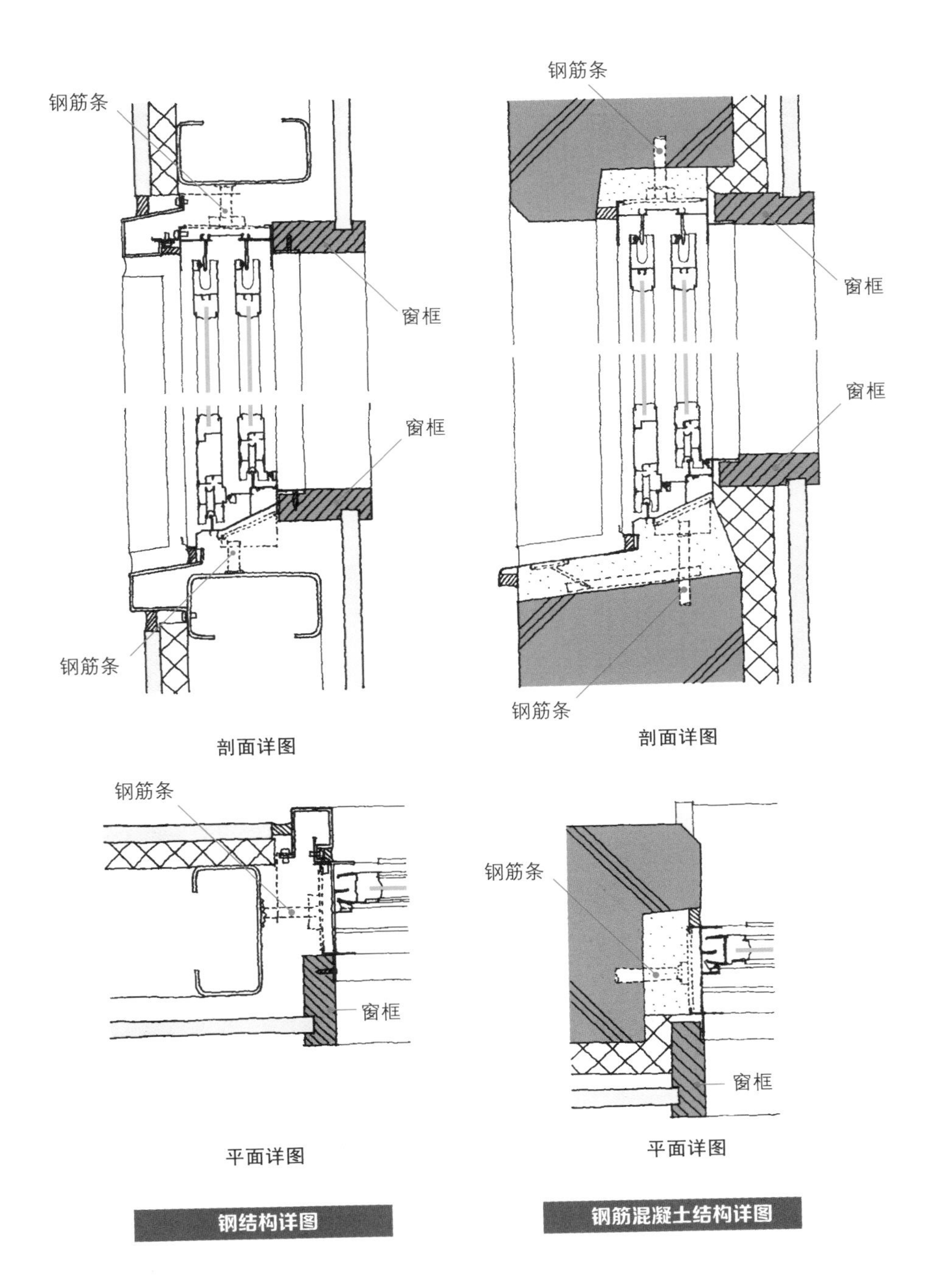

钢结构详图

钢筋混凝土结构详图

27 单层平板玻璃

单层平板玻璃是各类玻璃板的基础。

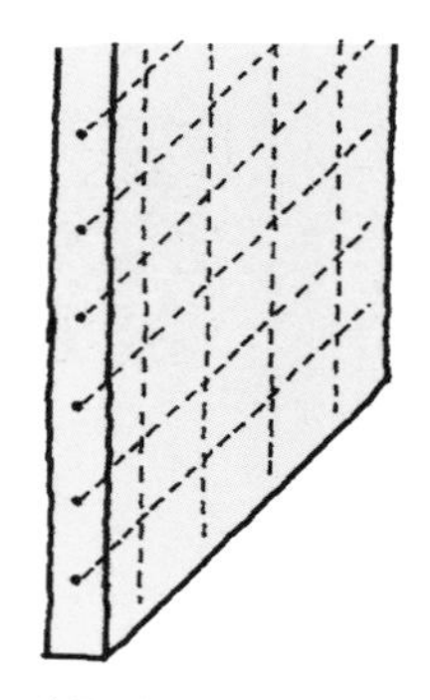

夹网玻璃

在火灾等情况下，为避免玻璃破碎后四处飞溅，可以在玻璃中置入金属丝网。

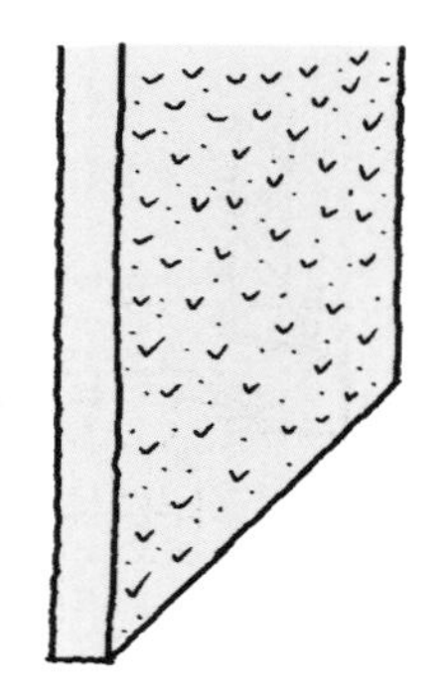

艺术玻璃

在玻璃的一面制作各种各样的纹样。

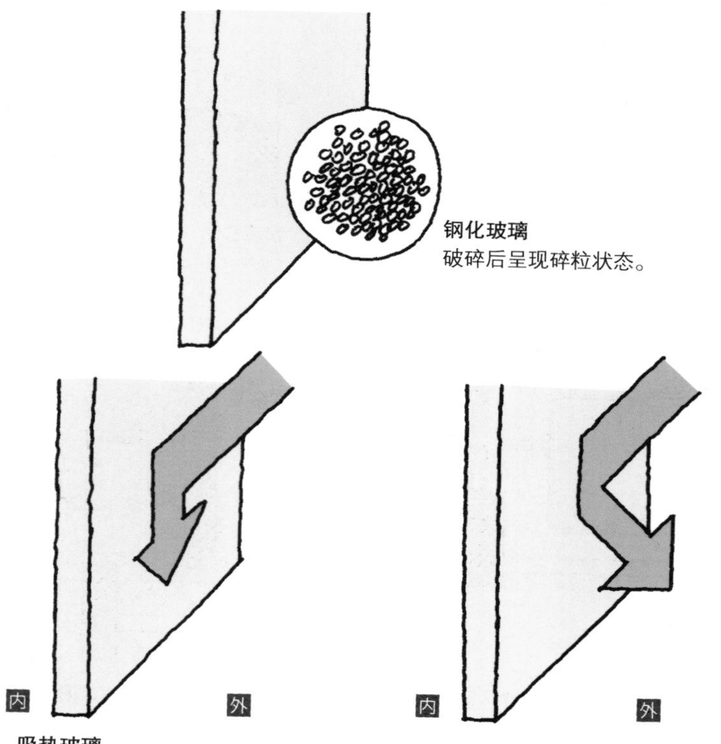

钢化玻璃

破碎后呈现碎粒状态。

吸热玻璃

以单层平板玻璃为原料，为提高材料的吸热性，在原料中加入一定量的具有吸热性能的着色剂。

热反射玻璃

使用物理或化学的方法在玻璃表面镀一层金属或金属氧化物薄膜。

28 多层玻璃

使用玻璃和绝缘垫片制成中空玻璃，这种玻璃具有较高的隔热性能。

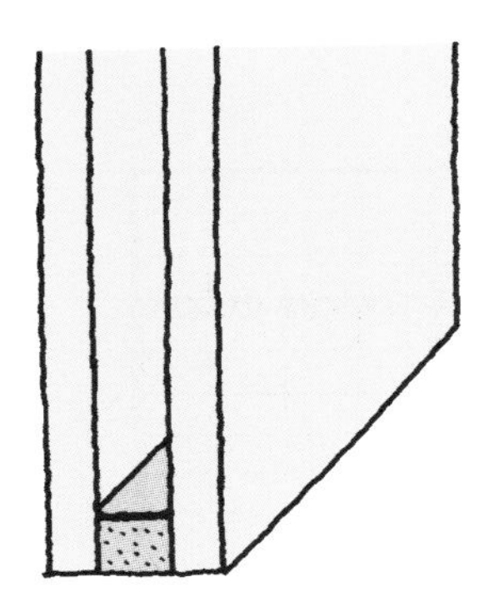

双层玻璃

由两块玻璃和绝缘垫片构成，其间存在中空层。

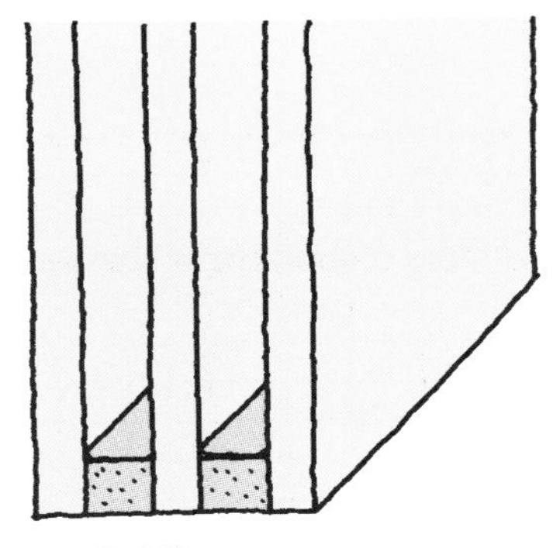

三层玻璃

由三块玻璃和绝缘垫片构成，有两层中空层。

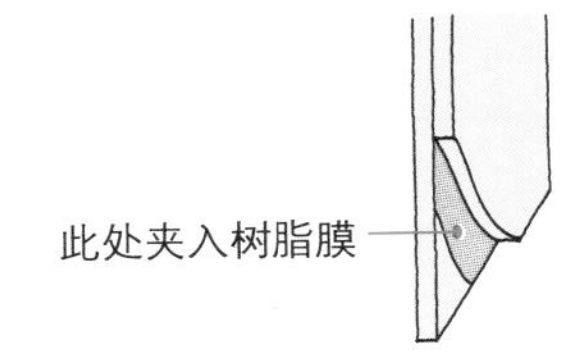

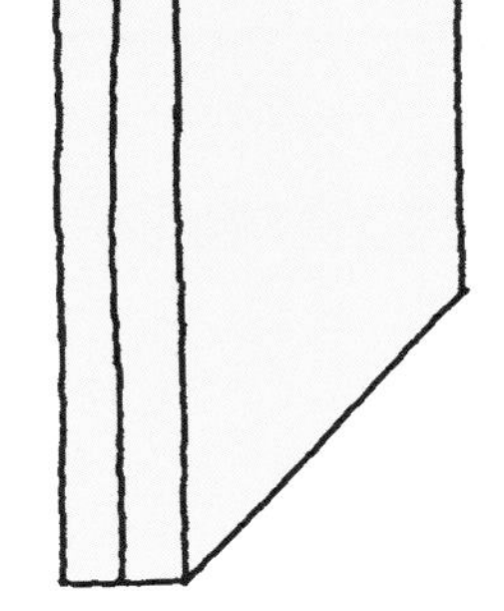

合成玻璃

在两块单层玻璃间夹入树脂膜，玻璃破损后能够有效防止玻璃飞溅，属于安全系数较高的玻璃类型。

玻璃砖

属于固定窗的种类之一，由玻璃构成的单体箱形体块组合而成，具有多种颜色尺寸大小及类型可供选择。因体块的接缝处置入了钢筋，所以可以满足尺度较大面积的使用要求。与一般玻璃相比，因设有中空层，所以其隔热、隔音性能都比较好。

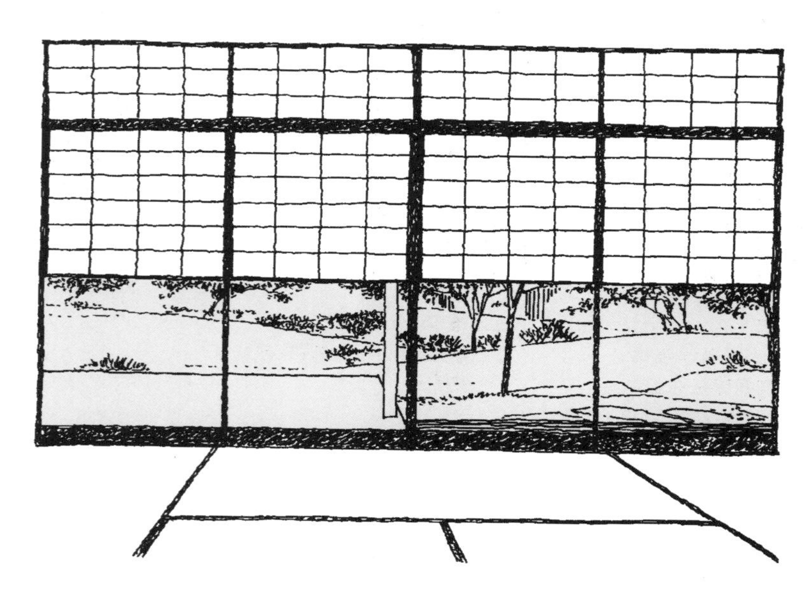

雪见障子满足人席地而坐时观赏外景的需求，同时也可调整采光效果。

障子也可称为“明障子”，处于关闭状态时具备采光功能，而且可遮挡视线、控制通风。使用障子，采光效果较为柔和，可满足房间整体的光照明亮度需求。

障子的隔热效果显著，对于防止结露也具有一定的帮助。障子的原材料是日本产的红杉、桧树，或是从国外进口的米杉、米桧、云杉等。而障子纸使用手工和纸，或是其中混合了尼龙、树脂等的各类材料。

属于自然材料的障子纸拥有调节湿度、吸收空气尘埃的功能。障子的木格骨架一侧为表侧。在历史长河中，障子存在各种各样的设计形式。

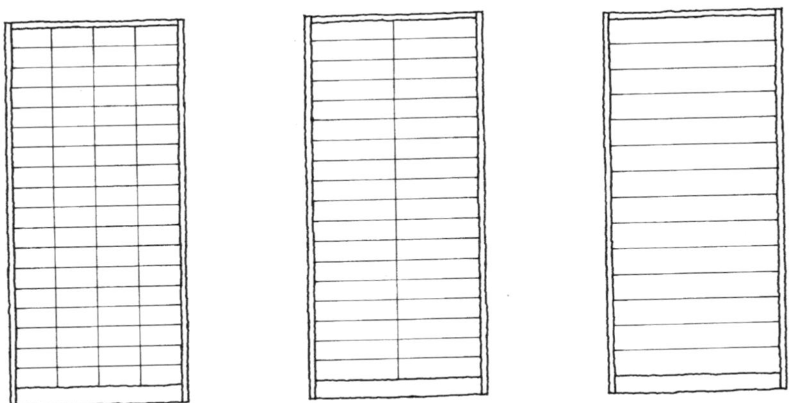

横繁障子　由横向布局、间隔狭窄且数量繁多的木条构成的障子类型。

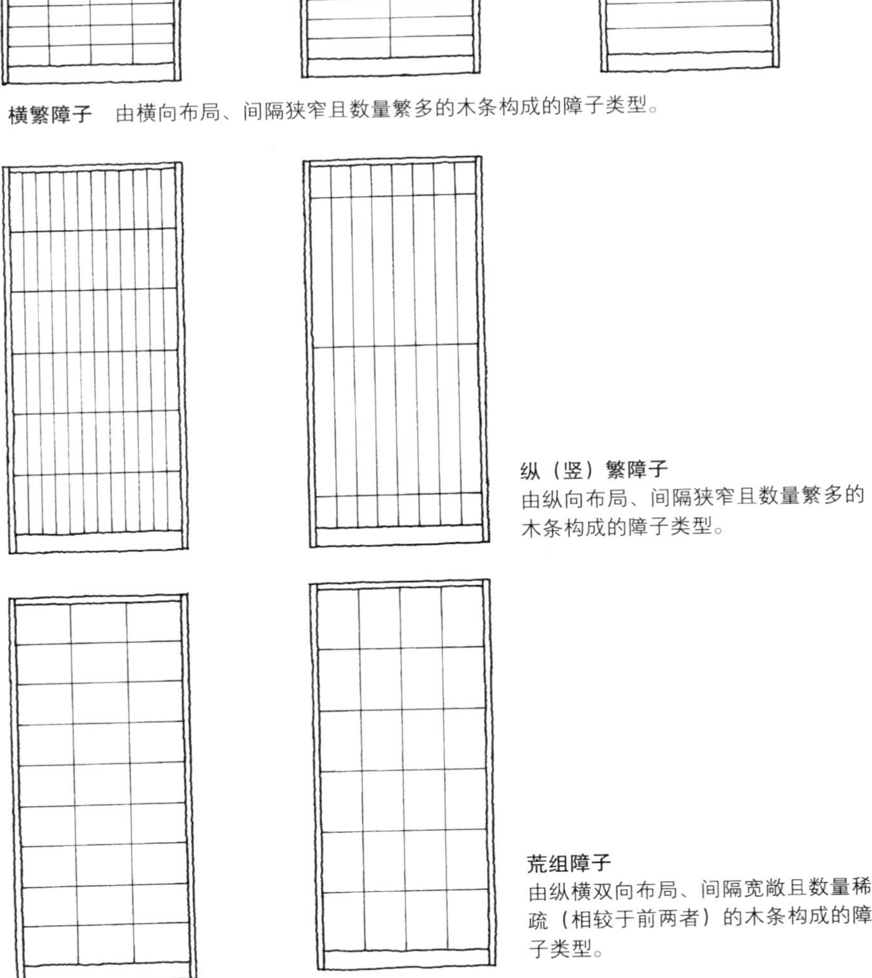

纵（竖）繁障子

由纵向布局、间隔狭窄且数量繁多的木条构成的障子类型。

荒组障子

由纵横双向布局、间隔宽敞且数量稀疏（相较于前两者）的木条构成的障子类型。

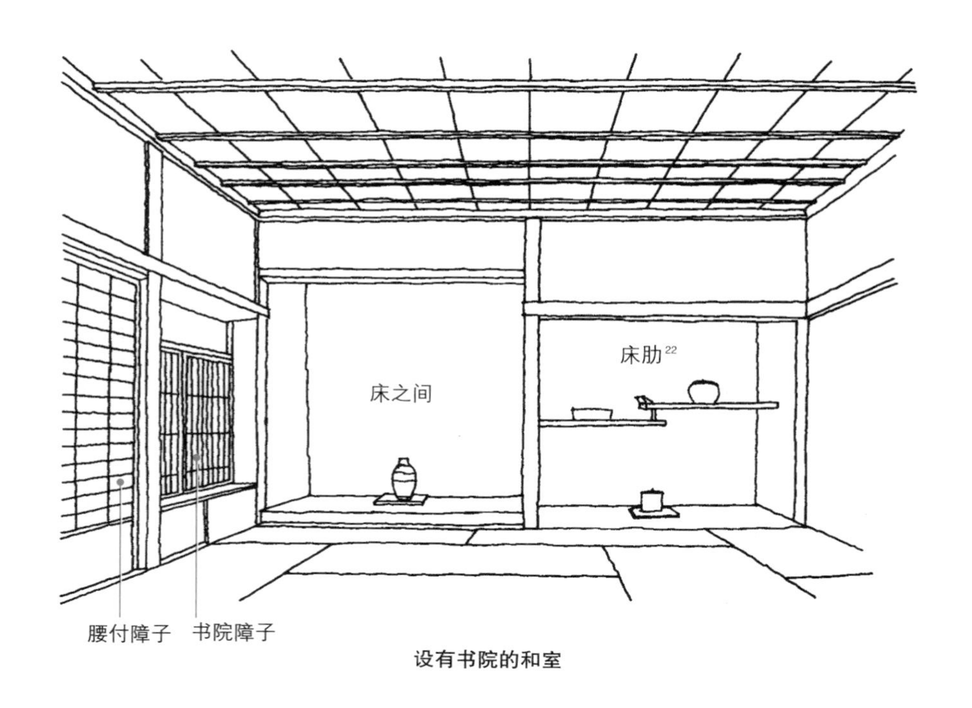

设有书院的和室

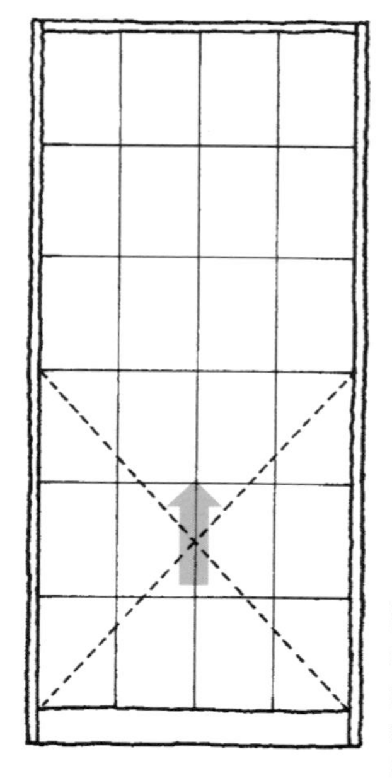

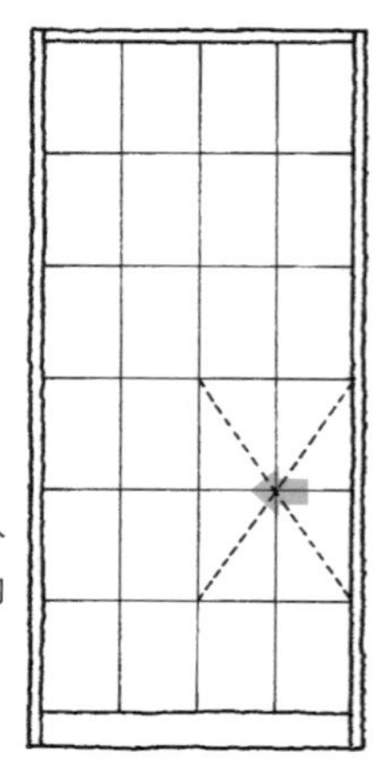

引分猫间
片引猫间障子

具体指障子中局部再划分出一处可单侧水平推拉的小型障子的障子类型。

猫间障子
摺上障子

障子下半部分的窗框内设轨道，属于小型障子上下移动的障子类型。也有采用玻璃材质的，称其为“雪见障子”。

腰付障子

障子的下半部分设有裙板的障子类型，也存在使用横向木条代替裙板形式的设计。

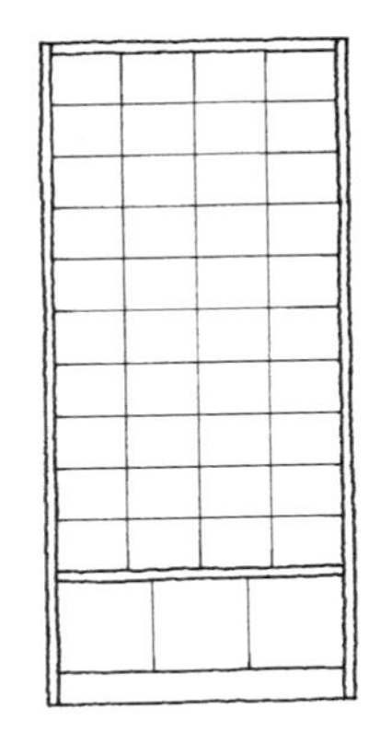

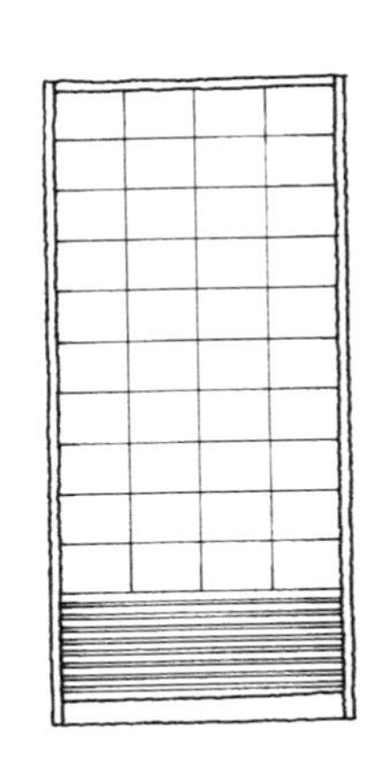

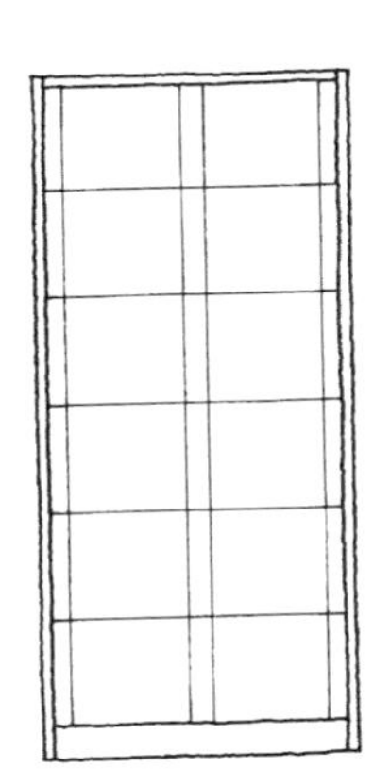

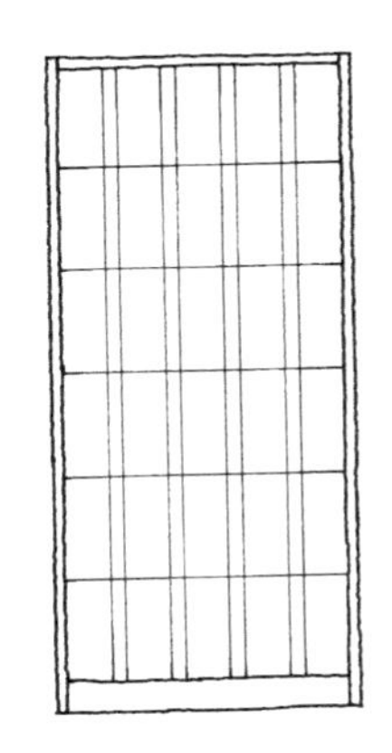

吹寄障子

纵向布局的木条之间距离较近的障子类型。

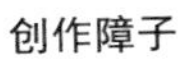

创作障子

不拘泥于传统木条组合样式的创意类障子类型。

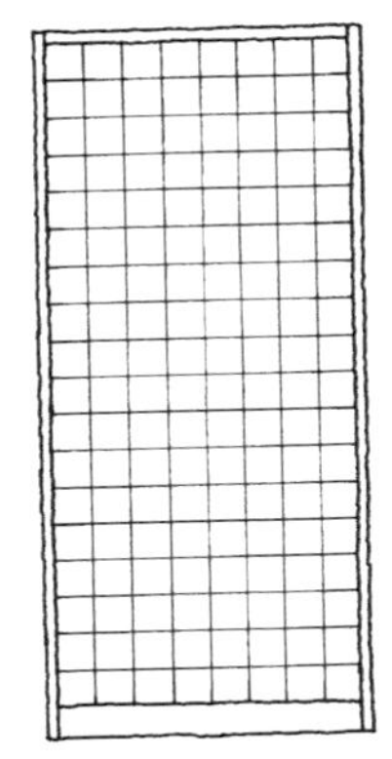

枡组障子

由纵横双向布局的木条组合为方形格子状的障子类型。

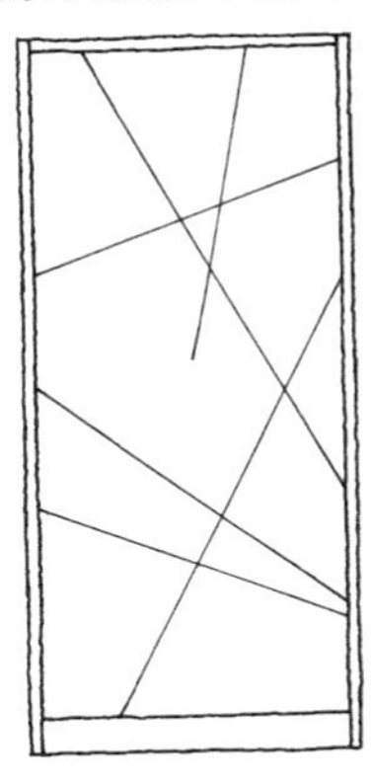

译者注

1.“板户”为日语原词，指在日本传统建筑中，窗扇主要使用木板的一种窗户类型，其中“户”为窗户之意。

2.“雨户”为日语原词，是出于遮风、挡光、防盗等目的所安装的窗户，一般设置在建筑外墙一侧。雨户出现于书院造时期并沿用至今。

3.“障子”为日语原词，常用于日本传统住宅的推拉门、隔窗等处。制作时，在木质框格内侧安装上纸或玻璃等材质，以保证一定的透光性，汉语中常译为日式移门、拉门、拉窗等。但日语中，因制作工艺、材质、形态等不同，对这些门、窗的描述不尽相同。为能准确地描述其类型，本书采用日文原词进行表述。

4.“与力窗”为日文原词，指由较粗的横向木棂条安装而成的窗户类型。

5.“蔀户”为日文原词，蔀指木格子一侧附上木板的做法，用此种方式建造的窗户称为“蔀户”。其开启方式类似于支摘窗，但具体操作时，需利用固定在屋椽的金属挂钩将90°外翻的上半部分窗扇吊起后固定，这与支摘窗的开启方式略有区别。

6. 在町家建筑的二层部分，开辟有如虫笼子状的固定式直棂窗，窗棂表面常涂抹白色石灰浆。因无法像一般窗户一样可以开合，因此仅满足通风及少量采光的需要。

7.“神窗”在阿依努传统民居中占有重要地位。阿依努文化中认为东向或河流上游方向为上位，在此方位上设置神灵进出的尊贵窗户，一般与民居出入口位置相反，举行各种仪式的礼器也从神窗处进出。

8.“猪窗”为日文原词，一部分日式窗户的名称根据其形状特征进行分类。猪窗又称猪目窗，因窗户形状类似猪眼而得名。

9.“下地窗”为日文原词，指墙壁局部不抹泥，直接裸露其内部竹、藤等编条结构的窗户类型。

10.“床之间”为日文原词，为书院造构成空间之一，汉语常译为壁龛。指榻榻米和室靠墙约一叠（1820mm×910mm）或半叠大小的空间。一般而言，其地面比榻榻米高一级台阶，并采用木地板铺装，地板上摆放花器，在靠墙处常悬挂卷轴来渲染空间氛围。

11.“袄”为日文原词，指木格子的两面都糊上纸或布，四周安装木框的水平推拉式窗扇。

12.“板唐户”为日文原词，指将一整块木板或几块木板通过榫卯结构拼接组合而成门窗类型。

13.“栈唐户”为日文原词。指长条形的门窗扇先用木框纵横组成格子，再在格子间安装木板的窗户类型。其中，窗扇上半部分置入装饰纹样的案例较多。

14.“半蔀”指窗扇上半部分外翻后固定在屋椽下方的挂钩上，而下半部分窗扇称为“立蔀”，可固定或拆卸。

15.“遣户”为日文原词，具体指沿上、下门框槽开闭的水平推拉式的板户类型。

16.“真壁造”为日文原词。具体指构造柱表面外露，并在两柱之间建造墙壁的做法，真壁造为和风建筑常用的传统构造方式之一。

17.“无双窗”为日文原词，指双层板条按水平方向错动开闭的推拉窗类型。

18.“障子户”指采用障子形式的窗户类型。

19. 三味线是日本传统弦乐器。

20. 无双墙的开闭方式与无双窗相同，因其尺寸大小和设置的位置不同，称呼上有所区别。

21. 袄纸（上张）是指袄最外层裱贴用的纸。袄纸在裱贴时，不是只裱一张，而是数张纸重复数层裱贴，越高级的袄，其裱贴的层数也就越多。通过多层的加工可以加强袄的耐湿度和坚固度。

22. 床肋为日文原词，位于床之间旁侧。常使用隔板、棚架或收纳柜分割空间。

后 记

本书收尾之际，相信读者已经了解了我们的日常生活无法离开窗户，也重新认识和思考了窗户的重要性。

如前言所述，在建筑设计中，窗户不仅仅只有一种用途，设计时必须考虑因其位置和尺寸关系而衍生出的其他诸多问题。窗户是影响建筑外立面构成及内部空间形态的主要因素。对于建筑师们而言，窗户设计也是一件非常困难的事情，又何况是我们普通人呢？

然而，正如“窗户是建筑的眼睛”所形容的，窗户不能仅仅满足采光、通风的需要，也能影响住宅与邻地、街区及整个社会的关系。当访日的外国朋友看到紧闭的窗户时，会提出“既然有窗，关着好可惜”“像仓库一样排列的街区不太美观”等诸如此类的评价，我们应保持真挚的谢意倾听并牢记这些意见。

通过窗户，关心住在这个街区各家庭的生活状态，进而营造具有安全感的居住环境，如此便不必大费周章地考虑如何采取安全措施来保护隐私。紧闭窗户相当于紧闭眼睛，这意味着将看不到或失去更多美好的事物。

最后再次重申，本书中的设计构思并不适用于所有的建造场合，仅仅期待读者们在拓展设计思路时，这些小提示能够成为有用的参考。另外，也希望通过本书的内容，从更广阔的视角，让读者进一步认识和了解窗户的重要性及其存在的意义。

中山 繁信